사람을 만나면,
세계가 보인다

사람을 만나면, 세계가 보인다

국제개발협력 관점에서 세상 바라보기

이성희 지음

한국과 세계 곳곳에서 만나면서 느꼈던
그 나라 그리고, 그 사람들에 대한 다양한 이야기

이담북스

청년 시절, 국제기구나 코이카에서 국제개발협력 전문가로 일하면 어떨까, 하는 생각을 한 적이 있다. 그때는 나의 전문성이 부족했고, 언어 능력과 해외 경험도 부족했다. 말 그대로 꿈 같은 일이었다.

그러던 어느 날, 나에게 외국인 대상 강의를 할 수 있는 기회가 주어졌고, 국제행사에 처음 참석하기도 했다. 전임자의 인사 발령으로 인해 얼떨결에 국제협력 담당자가 되었고, 몇 년 뒤 개발도상국(이하 개도국) 공무원 대상 국제교육(ODA연수) 업무를 담당하였다. 그 이후로 본격적인 국제개발협력의 길을 걷게 되었다. 오래전 막연하게 꿈꾸던 일이 현실이 된 것이다.

국제개발협력과 관련된 일로 해외로 나가거나, 한국으로 오는 많은 외국인을 만나고 함께 일을 하게 되었다. 이 외에도 가족과 함께 해외 여행의 기회도 많이 생겼다.

뒤돌아보니, 선진국도 있고, 저개발국가도 있었다. 짧게 한번 지나쳐 간 국가도 있고, 여러 번 갔다 온 국가도 있다. 한국 사람이 많이 가는 익숙한 곳부터, 한국 사람이 처음 가봤을 법한 낯선 곳도 있다.

이런 경험을 소중히 간직하기 위해, 그동안 겪었던 경험, 에피소드와 느낀 점들을 기행문 형태의 기록으로 남겨왔다. 돌이켜 보니 너무 소중한 기록이었다. 이런 나의 경험을 누군가에게 공유하고 싶다는 생각도 있었지만, 설익은 음식을 내놓는 것 같은 조심스러운 마음에, 결국 혼자만의 기록으로 간직해 왔다.

2024년 국제개발협력 ODA(공적개발원조, Official Development Assistance) 연수에 대한 실무 지침서와 같은 책을 발간하였다. 이를 계기로, 그동안 경험했던 나의 기록을 다듬어서 두 번째 책을 세상에 내놓기로 마음을 먹었다.

이 책은 그동안 해외에서 그리고 한국에서 외국인들과 만났던 경험을 바탕으로 쓴 것이다. 관광객의 시선이 아닌, 국제개발 협력 전문가의 시선으로 바라본 느낌을 쓰고자 하였다.

책 제목처럼 많은 사람들과의 만남을 통해서 세계를 더 넓게 보게 되었다. 넓게 보게 된 세계에 관한 이야기를, 정치, 경제, 언어, 문화, 자연, 역사 등 다양한 시각으로 정리하였다.

그러나, 일반 관광객들이 해외여행을 통해 생기는 특정 국가에 대한 오해가 나에게도 있을 수 있다. 특정 국가(국민)에 대하여 평가 절하 하려는 의도가 없음을 미리 밝혀둔다. 책의 내용에 대한 독자들의 다양한 비판과 지적이 있을 수 있다고 생각하며, 이를 겸허히 수용한다.

반면, 일반 관광객들과 내가 같은 곳을 갔을지라도, 그분들이 놓친 것을 내가 보았을 수 있다. 그리고 그 나라 사람들이 이상하다고 느껴지지 않는 것을 나는 외국인이 되어 색다른 시선으로 바라볼 수 있다. 이 책을 통해, 옳고 그름의 문제가 아니라, 저렇게 볼 수도 있구나, 다양한 시선을 느끼기를 바란다.

목차

(한류) KOREA 좋아요

1장

가슴이 떨릴 때
경험하라

1. 이 책을 쓰는 이유

- 다양한 경험을 나누고 싶다

해외여행이 보편화된 지금, 여행을 떠나기에 앞서 여행 관련 서적, 인터넷(블로그, 카페, 유튜브)을 찾는 것이 일반화되었다. 나도 여행을 가기 전에 여행 서적 또는 인터넷을 통하여 많은 정보를 얻었다.

내 인생에 1997년 중국(연길, 북경) 첫 해외여행을 시작으로 지금까지 많은 해외를 다녀왔다. 한국 사람들이 많이 가는 곳도 있지만, 대한민국 사람 중에 여기에 와 본 사람이 있을까? 싶은 곳도 있다.

여행 기간이 짧든 길든, 어느 곳이든, 누구와 가든지 모든 것이 소중한 경험이고 나를 배우게 하고 성장시켰다. 이러한 경험을 최대한 기록으로 남기려고 했다. 단순히 어디에서 무엇을 했는지 사실을 기록하는 데 그치지 않고, 무엇을 보고 느꼈는지 기록하고자 했다.

해외여행을 가기 위해 접했던 여행 책자에서도 읽어볼 수 없었던 많은 것을 경험하고 배웠다. 단순히 여행객으로서가 아니라, 국제개발협력이라는 영역에서 일을 하면서 일반 시민들과는 다른 시선으로 세상을 볼 수 있었다.

어디 숙소가 좋고, 어느 식당 음식이 맛있고, 어디가 볼거리가 많은지를 알려주는 여행 정보가 아니라, 왜 이 나라(국민)는 이렇게 살고 있는지 좀 더 진지하게 고민하게 되었다. 그냥 지나칠 수 있는 풍경, 사람들 속에서 강렬하게 나의 기억 속에 자리 잡는 것들이 생겨났다. 이러한 느낌을 최대한 기록으로 많이 남기고 싶었다.

다양한 방법으로 몇 달, 몇 년 동안 세계 일주를 하신 분들도 있다. 그런 분들에 비하여 내가 경험한 세상은 너무 작고 기간이 짧다. 어느 국가에서 몇 년 동안 현지인들과 같이 호흡하면서 살아온 분들도 있다. 그분들과 비교하면 내 경험의 깊이는 얕은 우물에 불과하다. 그러나, 나의 부족한 경험일지라도, 국제개발협력이라는 영역에서 여러 국가를 다니면서 내가 바라보고 느끼는 다양한 생각들은 소중한 것이다. 이것을 정리해서 나누고 싶은 생각이 들었다.

어떤 분들은 이러한 기록을 인터넷 카페, 블로그 등에 올려서 공유하기도 하고, 전문 여행 블로거가 되거나 여행책까지 발간한 분들도 있다. 그러나, 나의 기록을 오픈하는 것이 사생활을 공개하는 것 같아 거부감이 있었고, 의도와 다르게 오해를 불러일으킬 수 있어서 혼자 간직해 왔다. 누군가에게는 도움이 될 수 있는 소중한 정보가 될 수 있지만, 세상에 내놓지 못하는 두려움이 있었다.

  그러나, 이제는 용기를 내어, 그동안 쌓아두었던 나의 기록을 바탕으로 나의 경험, 생각들을 나누어야겠다는 생각이 들었다. 누군가에게 나의 경험이 간접 경험이 되어, 생각이 넓어지고, 도전을 받을 수 있기 때문이다.

2. 나의 첫 외국인, 첫 해외여행

- 시골 소년, 더 큰 세상과 만나다

충남의 시골에서 살아온 나로서는 해외여행은 고사하고, 서울 구경을 가는 것만으로도 큰 경험이었다. 서울에서 고등학교와 대학에 다니셨던 아버지의 영향으로 초등학교 시절부터 몇 번의 서울 구경을 할 수 있었던 것은 엄청난 경험이었다. 당시 친구 중에 초등학교 때 서울 구경을 해본 사람은 거의 없었다.

아버지는 비록 시골에서 가난한 삶을 살았지만, 자식에게는 서울 구경을 통해 더 넓은 세상을 경험하고 배우게 하고 싶어 하는 큰 뜻이 있으셨다. 서울에서 생활하셨던 기억을 되살려 이곳은 어떤 곳인지 설명해 주시면서 하나라도 더 보여주고 싶어 하셨다. 지금도 그런 아버지의 큰 뜻에 감사를 드린다.

일반 사람들은 인생에서 처음 나갔던 해외여행은 기억나겠지만, 처음 만난 외국인을 기억하기는 쉽지 않을 것이다. 최근에는 외국인을 만나기가 너무 쉬운 일이지만, 옛날에는 외국인을 만나는 것이 흔치 않은 일이었다. 더욱이 시골에서 살아온 나로서 외국인을 만난다는 것은 하늘의 별 따기다.

1980년대 초등학교에 다녔을 때, 여름 방학 때 교회에서 주최하는 행사에 부모님과 함께 자주 참석했었다. 서울에서 개최된 행사에 참석했을 때, 일본에서 온 청년을 알게 되었다. 아마도 어린 꼬마가 동생처럼 귀엽게 보였던 것 같다. 같이 사진도 찍고 주소를 나눴다. 나중에 우리 집에 편지와 함께 장난감을 보내왔다. 이것이 내가 만났던 첫 외국인에 대한 기억이다.

1997년 대학교 4학년 때, 대학을 졸업하면 자유로운 시간이 없겠다고 생각하였다. 대학생 시절에 마지막으로 해보고 싶은 것을 해야겠다고 생각하던 중에, 여름 방학에 대학 동아리에서 중국 연길과 북경에 간다고 하기에 참여하기로 했다. 대한민국 청년으로서 "백두산 천지"를 가본다는 것이 매우 뜻깊은 일이라 생각이 되었다. 이것이 내 인생에서 첫 번째 해외여행이었다. 비행기 타고 2~3시간만 가면 새로운 세상이 있다는 걸 깨닫게 해준 사건이었다.

첫 해외여행을 마치고, 한국에 돌아오는 길에 공항에서 어느 학생과 이야기를 나누게 되었다. 중학생이었고, 교수인 아버지를 따라 외국에 다녀오는 길이었다. 나는 대학교 4학년(24살)이 되어서야 처음 해외를 나왔는데, 나보다 10살이 어린 학생이 벌써 해외를 다닌다는 것이 놀라웠다. 24살이 되어서야 세상이 넓다는 것을 깨달았는데, 저 학생은

나보다 더 일찍, 더 많은 세상을 경험했다는 것이 부럽고 놀라울 따름
이었다. 이때 경험이, 나중에 결혼해서 자녀가 생기면 일찍 세상을 경
험하게 해줘야겠다고 생각하게 된 계기가 되었다.

3. 가슴이 떨릴 때 세상을 경험해라

- 넓은 세상을 알면 새로운 길이 보인다

2005년 아내와 함께 미국 서부여행을 하였다. 미국 산호세시에 아내의 친척(사촌 언니)이 살고 있어서 단체 관광을 마치고 추가로 2~3일 정도는 친척 집을 방문하기로 하였다. 단체 여행 일행 중에는 학교 선생님들, 모녀, 퇴직하신 부부, 혼자 오신 분 등 다양한 사람들이 있었다.

공기업 임원으로 퇴직하신 부부가 오셨는데 해외여행을 많이 다니셨다고 한다. 그런데 그분의 말씀이 잊히지 않는다. 나이 들어서 여행을 다니니 그저 "와 좋다!" 하고 감탄하는 것뿐이라고 한다. 젊은 시절에 좀 더 넓은 세상을 봤다면 "어떻게 인생을 살 것인가?" 하고 인생에 피드백이 되었을 텐데, 그러지 못했다고 한다. 그러면서 나에게 젊을 때 해외여행을 많이 다니라고 하셨다. 젊을 때 해외여행을 통해 인생의 진로가 완전히 바뀔 수도 있다는 것이다.

생각해 보면, 옛날 어른들은 젊어서는 돈과 시간의 여유가 없다 보니 국내 여행을 먼저 다니고, 나이 들어서 돈과 시간적 여유가 생기면 해외여행을 다닌다. 마치 힘들게 살아온 인생의 마지막 보상처럼 말이다. 나이 들어서 다니다 보니 아무래도 경제와 건강 문제 때문에 생각만큼 많은 곳을 다니기에 어려움이 있다.

물론, 우리 어른 세대들이 해외여행을 가고 싶다고 자유롭게 갈 수 있었던 것은 아니다. 우리나라에서 일반 국민이 해외여행을 자유롭게 갈 수 있었던 때는 1983년 이후부터이다. 50세 이상 국민만 1년간 200만 원을 예치하는 조건으로 연 1회에 관광 여권을 발급해 주었고, 1988년 서울올림픽이 끝나고, 1989년에 비로소 전면 자유화가 되어, 첫해 100만 명이 출국하였다.

최근에는 많은 젊은이가 해외여행을 자유롭게 다니고 있다. 언어에 대한 두려움도 적고, 자유롭게 배낭여행을 가면 적은 비용으로도 갈 수 있다. 물론, 공부와 취업에 대한 부담이 있지만 잠시 짬을 내서 가는 해외여행에 대해 거리낌이 없다.

나이 들어서 다리가 떨릴 때(체력이 달릴 때) 가지 말고, 젊어서 "가슴이 떨릴 때 가라"라는 말이 있다. 진로에 대한 고민도 많지만, 도전 정신과 열정이 있는 젊을 때, 넓은 세상을 보고 느끼면서 어떤 삶을 살 것인지 자신을 돌아보면 좋을 것 같다. 두렵게 느껴졌던 세상에 대해 용기와 도전이 생길 수도 있고, 예상치 않은 새로운 길(진로)을 발견할 수도, 전혀 몰랐던 나 자신을 발견해서 새로운 길을 걸어갈 수도 있다.

(정치)

2장

좋은 정치가
좋은 국가를 만든다

1. 너도나도 장관?　　　　　　　　　　

- 자리 나눠주기

　스리랑카는 인도 아래에 위치하고 모양이 진주 방울 같아서, 인도양의 진주라고 불린다. 한국에서 "실론티"라는 홍차 음료가 있었는데, 홍차가 많이 생산되고 있는 스리랑카의 옛 이름인 실론(Ceylon)에서 유래가 되었다.

　2015년 스리랑카에서 개최되는 국제행사를 준비하면서, 스리랑카 정부 조직을 찾아보았다. 놀라운 것은 장관급 중앙 부처가 2015년 기준으로 59개 부처(장관급)에 달하였다.

　스리랑카 국토 면적은 6.6백만ha, 인구는 2.2천만 명으로 우리나라에 비해 국토 면적은 2/3, 인구는 1/2로 작은 국가이다. 당시 우리나라는 장관급 중앙 부처가 17개였다. 스리랑카의 장관급 중앙 부처의 규모는 우리나라보다 3배가 많아, 스리랑카 국가 규모에 비해 매우 비대하게 운영되고 있었다.

스리랑카 중앙청사 맞은편에 큰 불상이 놓여 있는데, 국민을 위해 제대로 일하고 있는지 감시하기 위해 지켜보는 것이라고 한다. 어떻게 보면 높은 분들이 많은 스리랑카에서 누군가의 감시가 필요했던 듯싶다.

보통 개도국에서는 대통령이 통치 기반을 굳건하게 다지기 위해 많은 정당과 부족의 지지를 받아야 한다. 이를 위해 정부에 인위적으로 많은 자리를 만들어서 지지 세력들에게 자리를 나눠주기도 한다. 어느 아프리카의 국가는 초등교육부, 중등교육부, 고등교육부로 나눠질 정도이다. 교육 수준이 그렇게 높지 않은 국가였는데도 말이다. 그 국가의 상황을 고려할 때, 자리를 만들어 주기 위한 것으로밖에 보이지 않았다.

이러한 방만하고 비효율적인 행정조직이 원인이 되었을까? 2022년 스리랑카는 국가부도 사태를 맞아 대통령이 축출되고 2023년 IMF 구제금융을 신청하게 되었다. 언론보도에 따르면 코로나19에 따른 관광산업 타격과 경제정책 실패와 더불어 족벌정치에 따른 부정부패를 국가부도의 원인으로 꼽고 있다.

스리랑카가 지금의 경제위기를 잘 극복해서 IMF를 졸업하고 정치적, 경제적 발전을 이루기를 바란다.

2. 30대 젊은 차관의 비밀　　　　　

– 종족통합을 위해 어쩔 수 없다

2017년 수단 카르툼(Khartoum)을 방문하기 전에 인터넷으로 정보를 검색하였지만, 앞이 보이지 않을 만큼, 도시를 삼킬 것 같은 거대한 모래폭풍(Haboob)이 발생하는 곳이라는 것 이외에 특별한 정보를 얻기 힘들었다.

수단은 2001년부터 2008년까지 "아프리카의 한국인 슈바이처"로 봉사하시던 고 이태석 신부님이 계셨던 곳(현재 남수단)이다. "울지 마, 톤즈"라는 영화를 통해 우리에게 잘 알려졌다. 2003~2010년 기간에 수단 서쪽에서 다르푸르 내전이 있었다. 종족과 종교(흑인계 반군과 이슬람 민병대 간) 분쟁으로 수십만 명(20~40만 명)이 죽었을 것으로 추정되고 있다. 이태석 신부님이 활동하셨던 곳은 2011년 남수단으로 독립하였다.

비자를 받기 위한 서류를 주한 수단대사관에 제출하러 가면서, 수단에 대한 자세한 정보를 얻을 수 있지 않을까 싶었다. 대사관 직원에게 문의하니 별도의 자료가 없다고 하면서 지도 1장을 받을 수 있었다. A4

크기 종이 앞 장에는 지도, 뒷장에는 국립공원 등 주요 관광지가 나와 있었지만, 아쉽게도 크게 활용도가 있지는 않았다. 좀 더 충실한 자료가 있었으면 하는 아쉬움이 컸다.

수단에서 회의를 주관하는 정부 부처 관계자들을 만났다. 저녁 만찬 시간에 차관과 차관보를 만났다. 차관은 30대의 매우 젊은 사람이었다. 어떻게 저렇게 젊은 나이에 차관까지 오를 수 있었을까? 궁금했다. 알고 보니 차관은 여러 종족으로부터 추천받은 사람을 임명하는데, 실질적인 권한은 차관보에게 있다고 한다. 일종의 명예직 같은 것이다.

아프리카 국가에서는 부족(종족) 중심의 공동체와 족장의 권위가 다른 행정적인 지도자보다 높아서, 대통령이 국가를 안정적으로 통치하기 위해서는 부족(종족)과의 친밀한 유대관계(협력)가 필요하다. 이를 위해 부족(종족)으로부터 추천을 받아 고위급(장·차관)으로 임명한다는 것이다. 상징적인 자리이다 보니, 행정적인 처리 등 실질적인 권한은 차관보가 가지고 있다. 실제 우리가 참석한 공식적인 회의 석상에서는 차관보가 참석하여 실질적인 진행을 하였다.

수단을 다녀온 뒤, 2019년 뉴스를 통해 쿠데타가 발생했다는 소식을 들었다. 30년 동안 장기 집권을 하던 대통령이 실각하고, 쿠데타로 새로운 대통령이 정권을 잡았다. 2020년 헌법 개정으로 30년 동안 매우 강력했던 이슬람교 국교가 폐지되었다고 한다.

3. 현대사의 한가운데 서다　　　　　　　　⊙ 홍콩

- 홍콩에서 만난 서울의 봄

2019년 8월, 아내와 같이 홍콩과 마카오 여행을 가기로 했는데, 홍콩에서 민주화 시위가 발생했다는 뉴스가 나왔다. 어떻게 할까, 고민하다 예정대로 가기로 하였다. 홍콩 몽콕역 근처의 게스트하우스를 숙소로 잡았다.

아침에 일어나서 밖을 보니, 시위대가 도로를 행진하는 모습이 보였다. 홍콩 민주화운동의 역사적인 현장에 증인으로 서 있는 순간이었다. 1987년 서울의 호텔에서 외국인이 6월 민주화운동을 보았다면 마치 이런 기분이었을 것이다.

홍콩에서 여행하는 중간에 시위로 인하여 지하철역 이용이 제한되거나, 여러 곳에서 시위대를 보기도 하고, 밤에 지하철이 끊겨서 숙소까지 걸어가면서 시위대와 섞이기도 하였다.

도로 곳곳에 시위대가 만들어 놓은 바리케이드, 길거리 곳곳에 써놓은 글씨, 불에 탄 흔적이 남아 있는 경찰서와 공공기관들을 볼 수 있었다. 시위대가 있는 곳에서는 최루탄 냄새를 맡을 수 있었다. 시위로 인해 불편한 점도 있고 안전에 대한 걱정이 있었지만, 인명피해 없이 평화적으로 잘 해결되기를 바랐다.

시위대 대부분은 젊은 대학생들이었다. 시위로 인해 길이 봉쇄되어 우리가 길을 잃어버렸을 때도 시위대에 참여한 학생들이 길을 잘 안내해 줘서 다행히 숙소로 잘 돌아올 수 있었다. 일반 시민들에게 피해를 주지 않고 평화롭게 시위하려는 모습이었다.

일요일 예배를 드리기 위해 현지 한인교회에 방문해서 홍콩 민주화 운동의 이유를 들을 수 있었다. 홍콩 정부가 중국 본토로의 범죄인 인도법안을 추진하는 것이 시위를 촉발하였고, 결국 홍콩의 주권과 자치권을 요구하는 것이 핵심이라고 하였다.

홍콩에서의 일정을 마치고 마카오로 넘어가는 날, 시위대로 인해 홍콩 공항이 폐쇄되었다. 홍콩 공항에서 귀국하는 일정이었다면 공항에서 발이 묶일 뻔했다. 다행히 우리는 마카오로 이동해서 여행을 마친 뒤 마카오 공항에서 무사히 귀국할 수 있었다.

4. 조명이 꺼지지 않는 초상화　　　　　　

– "청바지"가 "히잡"으로

　사막이 있는 중동은 우리에게 기회의 땅이었다. 1970~80년대 중동의 건설 현장에서 우리나라 건설회사와 노동자들이 피땀을 흘려서 돈을 벌었다는 이야기를 많이 들었다. 그러나, 2003년 미국과 이라크의 전쟁이 CNN을 통해 실시간으로 중계되면서 중동이 결코 평화로운 곳이 아니라는 사실을 알려주었다. 이라크는 바로 인접한 이란과 1980년부터 8년 동안 전쟁을 치렀다. 이 외에도 우리가 다 알 수 없는 많은 갈등, 분쟁, 전쟁이 있었고, 지금도 진행 중이다.

　인생에서 아프리카만큼이나, 중동에 간다는 것은 매우 의미 있는 사건이었다. 2011년 이란의 수도 테헤란에서 개최된 국제회의에 참석하였다. 우리에게 "테헤란"이란 단어는 익숙하다. 서울 강남의 중심을 관통하는 도로의 이름이 "테헤란로"이다. 1977년 서울시와 테헤란시가 자매결연을 계기로 서울 강남에 "테헤란로", 이란 테헤란에 "서울로"를 명명하였다. 그 시절 한국과 이란의 관계가 좋았던 것 같다.

국제행사이다 보니, 다양한 주제의 세션이 있고, 세션마다 많은 참석
자들이 발표하였다. 보통 발표가 시작되면, 화면이 잘 보일 수 있도록
전체 실내조명을 끄거나, 스크린이 있는 앞쪽의 조명을 끄게 된다. 그
런데, 발표장에서 다른 조명은 다 꺼지는데, 절대 꺼지지 않고 항상 켜
져 있는 게 있었다. 바로 모든 발표장마다 붙어 있던 2개의 초상화였다.

과연 누구이기에 조명이 꺼지지 않는 것인가? 알아보니 호메이니
와 하메네이 초상화였다. 하메네이는 1939년생으로 1989년부터 지금
까지 이란의 제2대 최고 지도자이다. 제3대 이란 대통령을 역임하기도
하였다.

다른 한 명은 호메이니로서 1902년생이고 1989년 사망하였다.
1979년 이란의 팔레비 왕조를 물러나게 하고, 이슬람 공화국을 만든
사람이다. 1979년부터 이란의 제1대 정치지도자 겸 종교 지도자로서
1989년 사망하여, 하메네이가 물려받을 때까지 이란을 통치하였다. 이
란 이슬람 공화국을 만든 사람으로서 공공장소에 초상화를 걸어두고
조명을 영원히 꺼지지 않게 하는 것이다. 국제공항의 이름도 "테헤란
이맘 호메이니 국제공항"이다. 아랍어에서 이맘은 지도자를 의미한다.

현재 이란은 강력한 이슬람 공화국이지만, 1979년 이슬람 정권이 들
어서기 전인 1925년부터 1979년까지 팔레비 왕조시대에 이란은 매
우 개방직이고 미국과도 친밀한 관계를 유지하였다. 청바지를 입고, 통
기타를 들고 있는 이란 청년들의 모습을 볼 수 있는 시기였다. 그러다,

1979년 매우 강력한 이슬람 공화국이 건립되면서 폐쇄적인 국가가 되었다. 그렇게 개방적이던 국가가 한순간 이렇게 바뀔 수 있다는 것이 신기하였다.

5. 대통령 전용기(?)에 탑승하다 ◎ 미얀마

– 미얀마 대통령과 함께 비행기를 타다

2015년 미얀마 양곤을 거쳐 수도 네피도로 가기 위해 국내선 비행기를 이용하기로 하였다. 양곤 공항에서 탑승 수속을 마치고, 비행기에 탑승하였다. 옆 좌석에는 국제노동기구(ILO)의 미얀마 지역사무소 직원이 앉아 있었다. 네피도에서 개최되는 회의에 참석하고, 당일 비행기로 돌아올 예정이라고 하였다.

이륙 준비를 하려고 하는데, 안개 때문에 이륙이 지연되고 있다는 안내방송과 함께, 탑승객들은 모두 내려서 다시 출국장으로 돌아갔다. 얼마 뒤 탑승 수속 안내가 나왔고, 애초 탑승하였던 비행기보다 작고 오래된 비행기로 바뀌었다. 그런데, 옆에 있던 ILO 직원이 "곧 대통령이 탑승할 것 같다"라고 알려주었다.

믿어지지 않았지만, 얼마 후 진짜로 미얀마 대통령(테인 세인)이 우리 비행기에 탑승하였다. 비즈니스석도 없고 모두 일반석인 비행기를 탄다는 것이 너무 의외였다. 국민과 같은 비행기를 타고 네피도로 간다는 것이, 너무 소박한 모습으로 비쳤다.

아까 안개 때문에 비행기 이륙이 늦어진 것도, 혹시 대통령을 탑승시키기 위한 목적이 아니었을까 의심이 들었다. 대통령과 같이 전용기(?)에 탑승하는 매우 특별한 경험을 하게 되었다. 네피도 공항에 도착했을 때, 대통령 경호 차량이 활주로로 들어왔고, 먼저 대통령이 내리고 경호 차량으로 옮겨탄 뒤에 일반 승객들이 내릴 수 있었다.

많은 개도국에서는 대통령 전용기를 가지고 있지 않고, 필요할 때 민간항공기를 임대하여 사용한다고 한다. 미얀마도 대통령 전용기가 없어서, 2012년 한국 방문 시에는 대한항공을 이용하여 한국을 찾았고, 2013년 미국 방문 시에도 대한항공을 타고 미얀마에서 인천공항을 경유하여 미국에 갔다 왔다고 한다.

그렇더라도, 헬리콥터 등 대통령 혼자 탑승하여 양곤에서 네피도로 이동했을 수도 있겠지만, 일반 승객들과 함께 비행기에 탑승하는 모습이 소탈하고 좋게 보였다.

6. 누굴 위해 일해야 하는가?　

－ 권력자를 위해 vs 국민을 위해

　개도국을 다니다 보면 경찰은 매우 권위가 있는 직업이다. 개도국으로 갈수록 공권력의 힘이 매우 크다는 것을 느낀다. 그러나 그런 힘을 누구를 위해 쓰느냐는 다른 문제인 것 같다.

　캄보디아 프놈펜을 방문했을 때, 시내의 길이 막혀 있었다. 한국을 비롯하여 해외 참석자들이 탑승한 차량을 앞에서 안내하던 경찰차가 반대 차선으로 넘어갔다. 마주 오는 차량을 한쪽으로 몰아서 차선 하나를 비워버리고 우리 차량을 안내해 주는 것이다. 우리는 목적지에 원하는 시간에 맞춰 갈 수 있었지만, 반대편에서 오는 차량에는 매우 위협적인 상황이었다. 일반 시민들의 안전은 아랑곳하지 않는 것 같았다.

　개도국 길거리에서 경광등과 사이렌을 울리며, 고급 차량 일행들을 안내하는 경찰차를 자주 볼 수 있었다. 시민들의 안전을 고려하지 않고, 힘 있는 자들의 안전(경호)만을 신경 쓰는 것같이 보였다.

과거 우리나라도 군인이나 경찰의 힘이 매우 강했던 시절이 있었다. 그 당시에도 국민을 보호하기보다는, 권력을 보호하기 위해 일했을 것이다. 아니, 그렇게 해야만 했을 것이다. 지금은 민주화가 되고 사회시스템이 선진화되면서, 시민을 보호하는 데 공권력을 최우선으로 사용하려고 한다는 것을 느낀다.

개도국에서는 경찰들에게 돈을 주고 부탁하면, 요청받은 사람을 공항에서 목적지까지 경찰차 또는 오토바이를 동원해서 에스코트를 해준다고 한다. 개도국의 치안이 좋지 않기 때문에 경찰에서 에스코트를 해주면 분명 도움을 받는 것도 있다. 2019년 파키스탄 연수를 갔을 때, 영토분쟁지역에 가까운 접경지역에서 무장한 경찰 차량이 모든 견학지까지 동행해서 우리를 안전하게 안내를 해주었다.

그러나, 대가를 받고 에스코트를 하는 데 이용되고 있는 경찰의 모습은 좋아 보이지 않는다. 자국민을 위해서 일하는 게 아니라, 권력자 또는 나에게 금전적인 대가를 주는 사람을 위해 일하는 모습은 어두운 단면을 보여준다.

2025년 10월, 캄보디아 범죄단체에 연루되었던 한국인의 사망과 현지에서 구금된 한국인들이 국내로 송환되면서, 캄보디아의 범죄 실태가 국내에서 큰 파장을 일으켰다. 국제앰네스티(Amnesty International) 보고서에 의하면, 캄보디아 범죄단체의 온라인 범죄(보이스피싱, 로맨스 스캠)를 위한 범죄 단지 운영에 캄보디아 권력층과 경찰들의 비호가 있는 것으로 의심한다.

만인이 한 명의 힘이 있는 사람을 위해 일하는 게 아니라, 힘이 있는 한 사람이 만인을 위해 헌신하며 일하기를 바란다.

7. 나라 없는 설움

- 세계 난민 이야기
  (터키 시리아, 알제리 말리)

터키에서 만난 난민

2013년 터키(2022년 튀르키예로 국호가 변경됨) 마르딘에서 국제행사가 열렸다. 행사장 앞에는 무장한 장갑차들이 지키고 있었다. 2011년 시리아 내전이 발생했는데, 마르딘에서 시리아 국경까지는 40km로 매우 가까웠다. 행사 기간에 멀리서 포탄 소리가 들릴 정도였다.

마르딘 길거리를 다니다가, 이슬람 여성 복장 중 하나인 니캅(눈을 제외하고 전신을 가리는 복장)을 쓰고 있는 여성이 아이를 데리고 다니면서 구걸하는 모습을 볼 수 있었다. 나에게 다가와서 시리아 신분증을 보여주면서 구걸하였다. 시리아 내전으로 인해 국경을 넘어 터키로 피난을 온 사람들이었다. 시리아에서 온 난민이니 도와달라는 뜻이었다. 내전으로 인해 나라가 혼란하니, 조국을 등지고 타국에 와서 살아가야 하는 사람들의 설움을 느낄 수 있었다.

알제리에서 만난 난민

2024년 알제리 길거리에서도 니캅을 쓰고 앉아서 구걸하는 여성들을 볼 수 있었다. 알제리 가이드에게 물어보니, 남쪽에 있는 이웃 국가인 말리에서 내전을 피해 알제리로 넘어온 피난민이라고 한다. 2012년 말리에서 내전이 발생하였고, 이후 알제리 정부는 말리 난민을 받아주고 도움을 주었다고 한다. 그러나, 그들이 알제리에 고마워하기는커녕, 길거리에서 구걸하면서 사회 문제를 일으키고 있어서, 도와줄 필요가 없다고 가이드는 단호하게 말하였다.

알제리 내부의 사정이므로 제3자로서, 말리 사람들에 대하여 평가할 수는 없지만, 앞선 시리아 난민처럼, 나라 없는 국민으로서의 설움을 겪고 있는 현실이 매우 안타까웠다.

목숨을 건 탈출

2021년 아프가니스탄에서 미군이 철수하면서, 탈레반이 장악했다는 뉴스가 나왔다. 이에 아프가니스탄에서 탈출하기 위해, 카불 공항으로 사람들이 몰렸다. 공항에서 이륙하는 미군 공군기 바퀴를 따라 수백 명의 사람들이 달렸고, 일부는 바퀴에 매달린 채 이륙하면서 추락해서 사망했다는 비극적인 뉴스가 나왔다.

같은 해 2021년 케냐의 10대 소년이 비행기 바퀴에 숨어서 6천 미터 상공에서 영하 30도의 저체온, 저산소를 견디고 살아남았다. 이 소년은 인신매매를 피해 케냐에서 터키 이스탄불, 영국 런던을 거쳐 네덜란드까지 밀입국한 것으로 알려졌다.

　내전 등 여러 가지 이유로 비행기 바퀴에 매달려서라도 목숨을 건 탈출을 감행하는 사람들이 있지만, 구사일생 탈출에 성공하더라도 길거리에서 구걸하면서 나라 없는 사람의 비극적인 삶을 살아가고 있다.

8. 한국의 난민

– 우리 조상들도 예전에 난민의 삶을 살았다

일제강점기에 나라를 잃은 한민족은 중국, 러시아, 미국으로 피난을 갔고, 나라 없는 백성의 설움을 겪으면서 살았다. 다시 나라를 찾아서 고향으로 돌아갈 수 있는 광복의 날이 오기를 꿈꾸며 살아갔다. 내가 해외에서 만났던 난민들의 모습처럼, 우리 조상들도 타국에서 난민의 삶을 살았다.

러시아 고려인 난민

난민이 외국인에게만 해당하는 것은 아니다. 일제강점기를 피하여 러시아 연해주로 이주한 조선인들이 있었다. 스탈린은 1937년 연해주에 살던 고려인(일명. 카레이스키) 약 17만 명을 카자흐스탄, 우즈베키스탄 등 중앙아시아로 강제 이주를 시켰다. 결국 이들은 독립한 대한민국으로 들어오지 못하고, 2000년대까지 약 50만 명이 중앙아시아 여러

나라에 흩어져 살았다. 타국에서 고향에 돌아오지 못하고 난민으로 살았다.

1990년대부터 고려인 재외동포법을 통해 한국 국적취득을 지원하고 있어, 2000년대 이후 일부 고려인 동포들이 한국에 들어와 귀화하는 등 정착하여 살고 있다. 그러나 일부는 국적취득을 하지 못하고 국적이 없는, 무국적자로 살고 있다. 2023년 기준으로 200~300명으로 추정된다고 한다.

얼마 전, 안산시에 고려인들이 많이 산다고 하는 마을을 방문하였다. 유명한 러시아 케이크를 판매하는 빵집에 들렀는데, 한국인 얼굴과 똑같은 고려인이 친절하게 맞이해 주었다. 이후로 케이크가 맛있고, 크기도 크고, 가격도 저렴하여 종종 이용하였다.

제주도에 온 난민

난민 문제가 생소한 우리나라에서, 사회적으로 큰 이슈가 되었던 사건이 있었다. 2018년 예멘 사람 약 500명이 내전을 피하여 제주도에 와서 난민 신청을 한 것이다. 난민 신청을 받아주면 범죄를 일으키고 한국 사회에 악영향을 줄 것이라는 반대 여론이 높았다. 최종적으로 400여 명이 체류 허가를, 일부가 난민 지위를 인정받았다.

애초 우려와 달리, 지금까지 제주도에서 예멘 난민으로 인하여 TV 뉴스에 나올 법한 사회적 문제가 발생한 사례는 없었던 것 같다. 오히려, 예멘 난민이 제주도 아내와 결혼하여 차린 이슬람 식당이 맛집으로 소개되고 있다.

한국에 사는 무국적자

한국에 1993년 "외국인 산업연수생" 제도가 시작된 이후, 2004년 중소기업 인력난 해소를 위한 "외국인 고용 허가제"가 도입되어 3년 동안 취업이 보장되었다. 그러나, 체류 기간이 끝나고도 한국에 남아 있는 불법체류 외국인 노동자가 있다.

외국인 노동자들이 결혼해서 태어난 아이들은 무국적자이다. 한국에서 태어났지만, 출생신고를 할 수가 없어서 의료보험, 무상교육 등의 지원을 받을 수 없는 것이다. 한국에서 태어나서 살고 있으므로 외모만 다를 뿐, 유창한 한국말과 한국 음식을 좋아하는 한국 사람이다. 불법체류자라는 법적 타당성을 떠나서, 이미 태어나서 살고 있는 이들에 대한 인권은 보호해 줘야 하는 게 아닌가 싶다.

한국의 전체 무국적자 인원수는 파악이 되지 않았지만, 유엔난민기구(UNHCR)에 의하면 전 세계적으로 440만 명에 달한다고 한다. 다행히 국내에서 무국적자, 이주노동자, 다문화 가정 등에서 인권을 침해당하는 외국인들에게 국적취득과 법률적 지원을 해주고 있는 단체들이 많이 있다.

한국 공항의 난민

얼마 전, 톰 행크스가 주연한 영화 "터미널"(2004년 개봉)을 보게 되었다. 자국에서 발생한 쿠데타로 인해 무국적자가 된 남성이 공항에서 머물게 되었다는 내용이었다. 실화를 바탕으로 만들어진 이 이야기는 결코 다른 나라가 아닌, 우리나라에도 있었다.

2018년 11월 콩고 출신 앙골라인 루렌도 가족이 인천공항에 도착했다. 앙골라 내에서 콩고 출신에 대한 탄압을 피해 부부와 4명의 자녀가 한국으로 온 것이다. 그러나, 이 가족들은 난민 심사에 부쳐지지 못했고, 앙골라로도 돌아가지 않았다. 결국, 인천공항에 머물렀고, 한국 내 시민단체의 도움을 받아 소송을 통해, 2019년 10월, 288일 만에 공항에서 나올 수 있게 되었다.

2025년 4월 서아프리카 기니 국적의 30대 남성이 김해공항에 도착하여 난민신청을 하였지만 받아들여지지 않아, 5개월간 공항에 머물면서 영화 "터미널"처럼 햄버거로 지냈다. 다행히 소송을 통해 9월에 입국허가(공항 밖으로 나가 한국 땅을 밟을 수 있는)를 받아 난민 인정 심사를 받게 되었다.

우리의 고려인 할아버지, 할머니 세대들은 타국에서 난민 생활을 했다. 그때 도움을 주었던 현지인들이 있었을 것이다. 이처럼, 대한민국 땅에 난민처럼 살아가는 외국인들에게 따뜻한 관심이 필요하다. 또한, 대한민국으로 돌아온 고려인들이 잘 정착하고 살 수 있기를 바란다.

（경제）

3장

돈이 지배하는 세상,
그러나 전부는 아니다

1. 미국은 싫어도, 달러는 좋다　

– 미국 달러는 환영받는 이란의 시장

2011년 이란 테헤란에서 개최되는 국제행사에 참석하였다. 해외에서 개최되는 국제행사에 처음 참석하는 것이어서 많이 긴장되었지만, 준비한 발표는 다행히 잘 마칠 수 있었다.

50년 전 미국과 매우 긴밀한 관계를 맺었던 팔레비 왕조가 있었지만, 1979년 이란혁명으로 호메이니-하메네이가 집권하면서 매우 적대적인 관계를 유지하게 되었다. 테헤란 시내를 다니다가 미국의 성조기 위에 미사일 그림을 그려놓은 것을 보기도 했다.

큰 규모의 국제행사이다 보니, 개막식에 이란 대통령이 참석하였고 축사를 하였는데, 내용 중 미국 등 서구사회에 대한 불만을 직접적으로 표시하였다. 행사에 많은 북미, 유럽 등 서구권 사람들이 참석하였는데 매우 불편하였을 것이다. 더욱이 이란에서 회장 선거에 출마하였고 투표를 앞둔 상황에서 지지를 호소해도 될까 말까, 할 텐데 말이다. 결국 이란 회장 후보자는 탈락하였고, 3년 뒤에 다시 도전하여 당선되었다.

테헤란에 우리나라 남대문 같은 큰 시장이 있었다. 바자르(Bazaar)라고 하는데, 우리 참석자들은 잠시 쉬는 시간을 이용하여 시장 구경을 다니면서 물건을 샀다. 그런데, 미국 달러를 주면 할인을 해준다고 한다. 특히 100달러를 선호하였다. 이란 정부가 공식적으로 미국을 적대국가로 여기고 있지만, 일반 서민들이 살아가는 시장에서 미국 달러는 가장 선호하는 거래 수단이었다. 정치적 이해관계와 경제적 이해관계는 달랐다. 참 아이러니한 광경이 아닐 수가 없었다.

그 뒤로 15년이 지난, 2025년 이스라엘과 이란 간의 무력 충돌이 발생하였고, 미국은 이란의 핵무기 개발을 저지하기 위한 목적으로 이란의 핵시설을 폭격하였다. 이처럼 이란과 미국의 관계는 위태롭다. 이때문일까, 이란, 수단 등을 포함하여 미국이 지정한 국가에 다녀온 기록이 있는 사람은 ESTA(전자여행허가)를 받지 못하고, 미국 대사관에 직접 가서 비자를 받아야 한다. 나는 2011년과 2017년 이란, 2017년 수단에 다녀왔기 때문에, 미국 대사관에서 인터뷰하고 비자를 받아야만 했다.

2. 공무원보다 중고 판매상이 좋다 ⊙ 르완다

– 돈 잘 버는 중고 판매상과 노동자가 낫다

나의 첫 외국인 초청 연수 과정은 2017년 르완다 농촌개발 연수였다. 초청 연수도 처음, 아프리카 국가를 대상으로 한 연수도 처음이었다. 처음 하는 초청 연수이다 보니 열심히 준비하고 애정을 쏟았다.

Moise라는 연수생이 있었다. 전주에서 숙박하던 날, 갑자기 나에게 "청혼 반지를 구해 달라"고 하는 게 아닌가. 결혼할 여자가 있는데, 한국에서 반지를 사서 청혼할 계획이라고 한다. 반지를 어디에서 사야 할지 모르니 도와달라는 것이다.

숙소 근처에서, 반지를 판매하는 가맹점을 찾아서 같이 갔다. 가격대는 한국 돈 10만 원이라서 한국 사람에게는 비싼 것이 아니었지만, 1달 월급이 200달러(당시 약 26만 원)인 그분에게는 비싼 금액이었다. 다행히 마음에 드는 것을 찾아서 구매하였다. 연수를 마치고 르완다에 돌아가서 그 반지로 청혼하였고, 결혼해서 아이를 낳았다는 소식을 들을 수 있었다.

연수 과정 중에 장래의 꿈이 무엇인지 물었다. 공무원이기 때문에, 높은 지위에 올라가는 꿈을 가질 것이라 예상했는데, 그의 대답은 전혀 다른 것이었다. 한국과 르완다를 오가는 "중고 판매상"을 하고 싶다는 것이다. 한국에서 자동차, 전자제품 등 중고품을 구입하여 르완다에서 판매하고 싶다는 것이다. 공무원이기는 하지만, 급여 수준이 높지 않아 공무원이라는 안정성보다는 돈을 더 벌 수 있는 직업을 갖고 싶다는 것이다.

TV 인간극장에서 외국인이 인천항 인근에서 해외로 수출하는 중고 판매상을 하는 모습을 보았다. 인천항 인근에는 이런 일을 하는 외국인 들이 많고, 꽤 많은 돈을 벌고 있다고 한다. 아무리 중고품이라 하더라 도 한국 제품의 품질이 좋기 때문이다.

연수 과정을 하다 보면 연수생이 중간에 이탈하여 불법 체류자로 남 는 경우가 발생한다. 처음에는 법적 보호를 받기 위해 난민 신청을 하 지만, 받아들여질 확률은 높지 않다. 결국 불법 체류자가 되는 것이다.

연수에 참여하는 분들이 공무원인데도, 공무원의 삶을 포기하고 불 법 체류자의 삶을 선택하는 것이다. 워낙 급여 수준에 차이가 있고, 몇 년만 일을 하고 본국으로 돌아가면 성공한 삶을 살 수 있다고 하니 그 런 선택을 하는 것이다.

에티오피아 공무원들이 연수생으로 한국에 와서 불법체류를 하는 사례가 자주 발생하여, 2023년부터 에티오피아 대상의 ODA 연수는 한 국 초청 연수가 중단되고, 온라인 또는 현지 연수로 바뀌기도 하였다.

3. 돈 있으면 더 공부하고 싶을까?　　

― 나는 돈이 있으면 유학을 가고 싶다

　나의 20대 젊은 시절, 돈이 있으면 무엇을 하고 싶냐고 누가 물어보면, 해외로 유학을 가고 싶다고 말하곤 했다. 실제 해외에 가서 공부하고 더 발전하고 싶은 욕심이 있었다. 그러나 취업도 해야 하고, 가정을 꾸려야 하므로 그럴 여유가 없었다.

　아프리카 또는 다른 중동 국가로 가기 위해서는 중동의 카타르 도하, 아랍에미리트 두바이를 경유하게 된다. 두 국가는 석유로 부강한 나라가 되었고 1인당 GDP도 5만 달러 이상 높은 국가이고, 자국민에 대한 엄청난 경제적 지원을 하는 국가이다.

　아무것도 하지 않아도 먹고사는 데 걱정이 없을 만큼, 교육, 주거, 의료 등 모든 것을 국가가 책임지고 있다. 해외에 나가서 공부하고 싶은 사람들까지도 교육비를 지원해 주고 있다. 공부하고 싶으면 마음껏 지원해 준다고 하니, 그 나라 청년들은 얼마나 행복한가? 원하면 무엇이든지 할 수 있는 기회를 국가가 주고 있으니 말이다. 그러나, 정작 그

나라 청년 중 실제 해외에 나가서 공부하는 사람은 많지 않다고 한다.

두바이의 고급 커피숍에서 많은 젊은 남성들을 볼 수 있다. 대부분 젊은 남자들은 이곳에 나와서 여유롭게 커피를 마시면서 하루의 시간을 보낸다고 한다. 왜냐면 아무것도 하지 않아도 국가가 책임져 주기 때문에 일을 하지 않아도 된다. 물론, 그 나라에서 태어난 사람들에게만 주어지는 혜택이다.

우리나라는 한정된 자원을 가지고 있고, 성공하기 위해서는 무엇이든지 열심히 해야 한다고 배웠다. 최근 금수저, 흙수저라는 신조어가 의미하듯 아무리 열심히 해도 안 된다고는 하지만, 어쨌든 우리 몸속에는 열심히 살아야 한다는 DNA를 가지고 있다.

그러나, 그런 DNA는 내가 아무것도 하지 않아도 먹고살 수 있다면? 이라는 전제 조건 앞에서 무기력해지는 모양이다. 나도 돈이 있으면 해외로 가서 더 배우고 싶다고 했던 마음이, 어쩌면 순수한 학문적인 열정이 아니라, 결국은 더 배워서 더 부유한 삶을 살고 싶은 마음에서 기원한 것은 아닌지? 생각해 보게 된다.

카타르, 아랍에미리트의 젊은이들처럼 정말 아무것도 하지 않아도 먹고사는 데 지장이 없다면, 그래도 정말 열심히 살고자 할 것인가? 더 공부하고 배우고자 할 것인가? 한번 더 생각해 보게 된다.

4. 자본주의 끝판왕　　　

― 정상과 비정상의 사이에서 정신 차리기

2005년 아내와 함께 미국 서부 여행 중에 라스베이거스를 방문하였다. 반나절에 불과한 짧은 시간이었지만, 당시 화려한 호텔과 카지노 단지를 방문했던 기억은 오랫동안 간직되었다. 다시는 이런 모습을 볼 수 없을 것으로 생각했었다.

2018년과 2024년 가족들과 함께 홍콩 여행을 가면서 마카오를 방문하였다. 홍콩에서 마카오까지 차로 1시간이면 갈 수 있는 거리이기 때문에 묶어서 여행을 가는 사람들이 많았다.

마카오는 구도심과 "코타이"라고 하는 카지노 단지가 있다. 카지노 단지에 가면 엄청난 규모의 호텔들이 정말 많이 있다. 객실 수가 1천 실이 넘는 호텔(리조트)이 여러 개 있고, 많게는 4천 실 이상의 호텔(리조트)이 있다. 서울에 객실 1천 개 이상의 호텔이 1개가 있다고 하니(24년 기준), 카지노 단지의 규모가 엄청난 것이다.

단순히, 규모만 큰 것이 아니다. 호텔의 화려함과 고급스러움은 상상을 초월했다. 2005년 미국 라스베이거스에서 봤던 것을 뛰어넘었다. 대표적인 호텔(리조트)인 Venetian, Galaxy, MGM, Parisian, Londoner, Wynn palace의 건설비는 적게는 20억 달러, 많게는 40억 달러에(한화로 3~5조 원) 달한다고 한다.

마카오라는 작은 어촌마을 같은 곳에 이렇게 화려한 호텔을 지었다는 것이 신기했다. 카지노 단지에서 조금만 벗어나면 바닷가 쪽에 작고 한적한 어촌마을이 있다. 에그타르트로 유명한 가게도 있다. 과연 누가 이렇게 큰돈을 들여서 카지노 단지를 지으려 생각했을까? 이렇게 지어서 과연 운영될 것으로 생각했을까? 계속 운영하는 것을 보면 누군가가 와서 소비한다는 것인데, 과연 누가 와서 다 돈을 쓰는 것인가? 의문이 들었다.

마카오 관광청 자료에 의하면 하루 평균 10만 명의 관광객이 마카오를 방문하고, 70% 정도가 중국 본토에서, 나머지 20%가 홍콩에서 오는 중화권 관광객이라고 한다. 실제로 홍콩에서 마카오까지, 중국 본토에서 가장 가까운 중산시에서 마카오까지 1시간밖에 걸리지 않는다. 결국 마카오 카지노 산업, 호텔산업은 중국인들이 담당하고 있다.

카지노가 들어서 있는 호텔의 규모, 고급스러움, 화려함은 자본주의의 끝을 보여준다. 나와 같은 여행객들은 한번 구경하고 지나가지만, 여기에서 일하는 수많은 직원은 자신의 현실과 비교해서 매우 혼란스러울 것 같다. 호텔에서 비싼 돈을 주고 이용하는 사람들도 보지만, 카지노에서 돈을 흥청망청 쓰거나 잭팟을 터뜨리는 사람을 보다 보면, 정신줄을 잡기가 어려워 보인다.

한 달 월급이 몇십만 원인데, 누군가는 하루 숙박비 100만 원을 아무렇지도 않게 사용하는 사람들도 있고, 한순간에 수백, 수천만 원을 카지노에서 소비하는 사람들도 있고, 한순간에 수백, 수천만 원을 벌어가는 사람도 있을 테니 말이다.

마카오 구도심에서 신도심으로 가기 위해 버스를 탔다. 카지노 단지 주변에 직원들이 거주하는 곳을 지나갔다. 일반 사람들이 살아가는 평범한 공간이고 정상적인 공간이다. 하루에 비정상적인, 비현실적인 공간을 왔다 갔다 하는 직원들의 모습이 위태롭게 보이기도 한다. 정신줄을 똑바로 잡아야 할 것 같다.

5. 걱정 마세요,
삼성은 무너지지 않아요   ⊚ 인도

– 한국기업들은 글로벌 기업이다

2014년 인도에서 한국으로 돌아가는 비행기 옆자리에 외국인이 앉아 있었다. 인도 하이데라바드에서 출발한 비행기였으므로 인도 사람으로 추정이 되었다.

한국에 거의 도착해 갈 무렵, 조심스럽게 한국에 왜 가느냐고 물었다. 인도 사람인데, 한국에 일을 하러 간다는 것이다. 한국에 일을 하러 간다고 하니, 당연히 공단에서 일을 하는 "산업연수생"으로 생각하였다. 나에게도 선입견이 있었다.

더 이야기를 나눠보니 수원에 있는 삼성전자 연구소에서 근무하는 연구원이었다. 수원의 삼성전자에 근무하고 있는 인도 사람이 수백 명이나 된다고 하였다. 수원에 있는 연구소뿐만 아니라, 인도 하이데라바드 인근에도 삼성전자 연구소가 있을 만큼, 한국과 인도에 우수한 인력이 삼성전자에 근무하고 있었다.

인도는 곱셈을 9*9단이 아니라, 19*19단을 할 정도로 우수한 수학적인 능력을 바탕으로, IT분야에서 뛰어난 실력을 나타내고 있다. 미국 실리콘 밸리에서 일하는 인도 사람들도 많을 뿐만 아니라, 세계적으로 유명한 굴지의 IT 기업의 경영진에 인도 사람들이 많이 있다고 한다. 그리고, 해외기업뿐만 아니라, 우리나라 삼성전자와 같은 IT 기업에 인도 연구자들이 많이 일하고 있다.

그분과 대화를 나누면서, 당시 삼성전자의 실적이 많이 안 좋아지고 있고, 향후 미래가 불투명하다는 뉴스를 들은 게 있어서, 그분에게 "삼성전자가 어렵지 않느냐"라고 질문하였다. 그러나 그의 대답은 "삼성전자는 망하지 않는다"라고 단호하게 답을 하였다. 비록 외국인이지만 "삼성전자" 직원으로서 애사심이 매우 높다는 것을 느꼈다. 외국인이 오히려 한국인인 나에게 한국기업에 대해 걱정하지 말라고 말하는 상황이 신기하게 느껴졌다. 서로의 입장이 바뀐 것 같은 느낌이었다.

그러나, 사실 한국의 대기업들은 이미 글로벌 기업이다. 2025년 기준으로 삼성전자와 SK하이닉스 주식의 약 50%, 현대자동차 주식의 약 40%, LG전자 주식의 약 30%를 외국인이 보유하는 것으로 나타났다. 그러니, 한국기업이라고만 할 수가 없게 된 것이다.

비행기에서 만났던 인도 연구원처럼, 외국인들이 한국기업의 발전을 기원하고 응원해야 하는 상황이 되었다.

6. 잠재력은 많은데, 기회가 적다　　　◎ 에티오피아

　－ 정세가 불안하여 기회를 놓치는 안타까움

　2023년 방문했던 에티오피아는 아프리카 국가이지만 개발 잠재력이 큰 국가라고 느껴졌다. 국토 면적 1.1억ha로 한국의 11배, 인구는 1.2억 명으로 한국의 2.4배인 큰 국가이다. 해발고도가 높아 덥지도 않고, 농지로 개발할 수 있는 토지가 많다. 또한, 나일강 상류에 있어 댐 건설 등을 통해 수자원 확보, 수력발전을 할 수 있는 좋은 조건을 가지고 있다.

　또한, 주요 언어로 영어를 사용하는 국가이다. 나일강을 중심으로 오래전부터 인간이 살면서 문명을 발전시켜 왔던 곳이다. 또한, 세계적으로 커피의 원산지로 유명한 곳이다.

　따라서, 에티오피아는 자연적, 언어적, 문화적으로도 발전할 수 있는 잠재력이 있는 국가라고 생각이 되었다. 그러나, 이러한 조건에도 불구하고 발전을 이루지 못하였다. 가장 큰 이유는 내전에 따른 정세 불안이다.

에티오피아 북부지역에서는 1960년대부터 분리독립을 위한 투쟁이 있었고, 독립 세력과의 오랜 내전 끝에, 1993년 지금의 에리트레아가 독립하였다. 이후에도 갈등이 지속되어, 1998년부터 2000년까지 에리트레아와 전쟁을 치렀다. 그리고, 2020년에서 2022년까지 북부지역 티그라이 지역에 반군들과 내전이 발생하였다.

내가 갔던 에티오피아 아디스아바바는 한 나라의 수도라고 보기 힘들 만큼 도시의 인프라는 열악했고, 호텔 밖으로 나갈 수 없을 만큼 치안이 불안하였다.

에리트레아가 독립하게 되면서 에티오피아는 바다가 없는 내륙 국가가 되었다. 해상무역이 불가능해지게 되어, 경제적인 손실이 클 수밖에 없다. 또한, 지금까지도 지속되는 내전으로 인해 정세는 늘 불안하고, 경제발전에 큰 장애가 되고 있다. 자국 기업 활동뿐만 아니라, 해외 기업들이 투자할 수가 없다.

더욱이 어려운 경제 사정으로 인해, 일정 금액 이상의 외화(달러)를 해외로 가지고 나갈 수 없다고 한다. 해외기업이 투자한다고 하더라도, 수익금을 가지고 나갈 수 없는 것이다. 그러니 해외 투자자들이 에티오피아에 투자할 수 없는 것이다. 실제 시내를 다니면서 해외 유명한 기업들의 간판을 볼 수가 없었다.

아이러니하게도, 2018년 43세의 나이에 집권한 에티오피아의 총리(아비 아머드)는 2019년 노벨평화상을 받았다. 20년간 군사적 대립 관계에 있던 에리트레아와 2018년 종전을 선언하는 평화협정을 맺은 공로를 인정받은 것이다. 그러나, 2020년 북부지역 티그라이 지역에 군대를 파견함으로써 내전을 촉발시켰다는 국제사회의 비판을 받고 있다.

언젠가는 내전이 종식되고, 정세가 안정되어, 에티오피아가 가지고 있는 잠재력을 활용하여 더 발전해 나갈 기회를 잡기 기대한다.

7. 어느 나라가 살기 좋을까?　　　　　　⊙ 미국

– 일반 국민이 살기 좋은 나라

2005년 아내와 함께 단체여행(패키지)으로 미국의 샌프란시스코, LA, 라스베이거스, 그랜드캐니언 등 유명 관광지를 둘러보았다.

도시에 즐비한 빌딩과 발전된 모습을 보면서 놀랍기도 하고, 끝없이 달리는 고속도로와 양옆으로 펼쳐진 광활한 대지를 보면서 미국의 규모에 놀라기도 하고, 그랜드캐니언과 요세미티 공원 등 웅장한 자연, 라스베이거스의 화려함 등 가는 곳마다 신기하고 놀라는 것뿐이었다. 미국이 얼마나 강대국인지 느낄 수 있는 시간이었다.

단체여행객 중 한 분이 돈 많은 대기업 회장들은 이런 나라 와서 살면 좋겠다고 했다. 발전된 선진국에서 사는 것을 부러워하는 마음으로 여행객이 말한 것이다. 그러나 가이드 말이 "돈 많은 회장이 굳이 미국에 와서 살려고 하겠느냐, 한국에서 얼마든지 왕처럼 살 수 있는데 말이다. 미국 같은 나라는 오히려 돈이 없는 사람이 와서 살아야 한다"라고 하였다. 가이드는 돈이 많은 사람이 아니라, 돈이 없는 사람들도 돈 걱정 없이 안정적으로 살 수 있는 나라가 바로 선진국이라는 뜻이었다.

과연 잘사는 나라, 선진국은 어느 나라를 말하는 것일까? 많은 사람은 해외 여행지를 다니면서 화려한 빌딩과 주거지, 고급 외제 차를 보면서 잘사는 나라의 기준을 삼곤 한다. 물론 선진국에 가보면 좋은 집과 차량이 많이 있기는 하다.

그러나, 선진국이 아니더라도 개도국에만 가도, 우리나라 부자보다 더 많은 돈을 가지고 있는 부자들은 더 많이 있다. 동남아시아, 남미, 아프리카 어느 나라에 가도 우리가 상상하지 못하는 부자들이 있다. 가까운 중국에도 우리나라 인구와 맞먹는 5천만 명의 부자가 있다고 하지 않는가. 부자가 많으면 우리가 말하는 잘사는 나라, 선진국이라고 말할 수 있을까?

2024년 인도 최고의 부자(아시아 최고) 자녀 결혼식에 수천억의 비용이 사용되고, 세계적인 기업의 회장들이 하객으로 참석했다는 뉴스가 나왔다. 얼마나 빈부의 격차가 심한지 단적으로 보여주는 사례이다. 선진국의 기준은 잘사는 사람들(상류층)이 얼마나 있는지가 기준이 되는 것이 아니다.

한 국가가 어느 정도 잘사는지 척도는 도시에 우뚝 솟은 빌딩이나, 고급 주택과 외제 차량이 얼마나 많이 다니느냐가 아니다. 중산층 이하, 일반 서민이 어떤 삶을 살고 있는지가 척도이다. 개도국 어디를 가든 고급 주택과 고급 차량은 있다. 다만, 일반 서민의 삶을 보면 처참할 정도이다. 국가의 사회안전망이 그들에게 미치지 못하는 것이다.

그런 측면에서 보면, 한국은 그 어느 선진국과 비교해도 살기 좋은 국가이다. 모든 국민을 위한 다양한 사회보장제도를 가지고 있기 때문이다. 최근에는 산업현장에서 일하는 단 1명의 근로자의 안전과 생명을 지키기 위한 노력도 많이 하고 있다.

얼마 전 다녀온 베트남, 태국에서도 길거리 건설 현장을 지나다 보면, 과거보다 건설 근로자들의 안전을 신경 쓰는 모습을 보게 된다. 안전 표지판, 안전 보호구 착용 등 개도국도 발전의 과정을 지나면서 국민 1명의 안전을 지키고자 하는 노력을 하는 것 같다.

8. 인당 GDP 세계 110위, 그래도 행복해 ◎ 알제리

– 사회보장제도가 잘 갖춰진 개도국 국가

2021년부터 알제리를 대상으로 연수를 하였다. 외국인 연수를 하다 보면 정말 새로운 국가를 많이 만나게 된다. 알제리는 북아프리카에 있고, 주변에 모로코, 튀니지 등이 있다. 세 나라 모두, 이슬람 국가이고 불어를 사용한다. 바로 지중해 바다 건너 유럽(스페인, 프랑스, 이탈리아)과 가깝다.

2024년 알제리 현지 연수를 하면서 더 많은 정보를 알게 되었다. 사회주의 국가의 특성을 가지고, 교육, 의료, 연금 등에서 많은 사회보장제도가 갖추어져 있었다.

사하라사막에서 나오는 유전, 가스 등으로 경제적으로 안정적이었다. 1인당 GDP는 2024년 국제통화기금(IMF) 기준으로 5.6천 달러(세계 110위)이지만, 교육, 의료 등 사회보장제도가 잘 갖춰져 있었다. 의료보험제도는 1977년, 국민연금제도는 1988년 도입이 되었다. 교육비, 의료비가 매우 저렴하다고 한다. 2011년에 지하철도 개통되었다. 이런 점을 고려하면 1~2만 달러의 경제적 수준인 셈이다. 단순히 1인당 GDP로 국가의 경제 수준을 판단하면 안 된다는 것을 알게 되었다.

또한, 농업 부분에서도, 자국민의 먹거리는 국가가 책임진다는 기조 하에 농업에 대해 많은 투자를 하고 있어, 농업에 대한 ODA 수요가 적다. 즉 다른 국가로부터 원조를 받는 ODA를 통해 국민의 먹거리를 책임지지 않겠다는 것이다. 오히려, 에너지 분야의 ODA 사업에 대한 수요가 많이 있었다. 그것도 기술 컨설팅에 집중된 것이지, 발전소 건물을 지어주는 형태의 ODA는 아니었다. 그 정도는 자국에서도 할 수 있다는 것이다. 자신감과 자존감이 강한 국가인 것을 알 수 있었다.

알제리 방문 때, 국민의 삶이 매우 안정적으로 보였다. 길거리에서 만난 사람들은 큰 근심과 걱정 없이, 어느 선진국이 부럽지 않을 만큼 여유로워 보였다. 유럽에 와 있는 착각이 들 정도였다.

한편, 가이드 말에 의하면, 알제리는 외국인들에게 매우 안전한 나라라고 한다. 큰 광장 등 유명 관광지에는 눈에 보이지 않지만(사복을 입은), 경찰들이 주변에서 신변을 보호해 주고, 누군가가 외국인에게 위협을 가하면, 어디서 나타났는지 모르게 경찰들이 나타나서 해결을 해준다고 한다.

또한, 알제리 수도인 "알제"를 벗어나서 지방으로 외국인이 단체로 이동할 때, 반드시 행사를 주최하는 기관은 경찰에 신고해서, 경찰의 호위를 받도록 해야 한다. 외국인을 보호해 준다고 하지만, 달리 생각해 보면 사회주의 국가의 특성상 외국인을 감시하고 있는 게 아닌지 의문이 들었다. 외국인은 알제리에 들어가기 위해 비자를 받아야 하는데, 초청장이 있어야 하는 등 절차도 까다로웠다.

알제리 연수를 하면서, 정부의 행정절차가 복잡하고, 사소한 것도 중앙 부처의 허락을 받아야 하는 등 매우 관료적이라는 느낌을 받았다.

(사회)

4장

각자 살아가는
방식이 있다

1. 무슨 색이 아름다운가?　　　　　

– 모든 색깔은 아름답다

#　검은색이 아름답다 : 수단

내 인생에서 첫 아프리카 방문은 2017년 수단에서 개최되는 국제행사에 참석한 것이다. 국제행사에 참석한 이집트 사람들과 친해졌는데, 회의가 끝나고 쉬는 시간에 시장을 둘러보러 간다고 하면서 나에게 동행을 제안하였다.

현지 시장을 둘러보는 것도 재미있을 것 같고, 같이 다니는 것이 안전하게 다닐 수 있을 것 같았다. 신기하게도 아랍어를 사용하는 이집트 사람들은 수단 사람들과 대화하는 데 아무 문제가 없었다. 수단은 이슬람 국가이고, 아랍어가 통용되는 국가이기 때문이다.

이집트 참석자들과 같이 시장을 다니는 것은 매우 흥미롭고 재미가 있었다. 뱀 가죽으로 만든 신발도 구경하였다. 특히 그들은 아내에게 선물해 줄 혜나(Henna) 가루를 찾고 있었다. 나뭇잎을 말려서 만든 가루인데, 물을 부으면 바로 검은색으로 변하고 그걸 손이나 몸에 바르면서 모양을 내는 것이다.

예전에 다른 연수 과정에서 수단에서 참석한 여성분들이 손에 검은 색으로 그림을 그린 것을 본 적이 있었다. 검은색이 매우 강력했던 기억이 있다.

이집트 분들에게 왜 검은색으로 그리는지 물었다. 그분들은 "검은색이 아름답다"라는 대답을 하였다. 물론 사람마다 아름다운 색깔의 기준은 다른 것이 맞지만, 나에게 검은색은 가방, 구두, 옷에서 그저 무난한 색깔일 뿐이다. 아름다운 색이라고 하면 무지개 색깔처럼 다양하고 알록달록한 색깔을 생각하였다. 어찌 보면 나의 고정관념일 수도 있다.

검은색이 아름답다는 이집트 참석자들의 말 속에서 나의 편협함을 깨우치는 계기가 되었다. 세상은 참 다양한 가치관이 있다.

흰색으로 아름답게 : 미얀마

2015년 미얀마를 방문하면서, 여성들이 양 볼에 흰색을 동그라미 모양으로 분칠한 것을 볼 수 있었다. 길거리 어디를 가나, 나이가 어린 아이부터 어른까지 많은 여성이 똑같은 모습을 하고 있었다. 예쁘게 보이기 위해서일까? 궁금해졌다.

알아보니, 얼굴에 바른 것은 "타나카(Thanaka)"라는 천연화장품으로서, 타나카 나무의 줄기와 뿌리를 곱게 갈고 물을 섞어서 만든다고 한다. 타나카를 양 볼에 동그라미, 줄무늬, 나뭇잎 모양 등 다양하게 바르고, 팔과 다리에도 바른다고 한다.

이는 2천년 전부터 시작된 미얀마의 전통적인 피부 관리법으로서, 햇빛이 강한 미얀마에서 천연 선크림 역할과 피부미용뿐만 아니라, 해열과 두통 완화에도 효과가 좋다고 한다. 최근에는 타나카를 활용한 화장품을 출시하고, 미얀마 바간에 세계 최초의 박물관을 만들었다. 현재는 유네스코 문화유산 등재를 추진하고 있다.

타나카를 바르고 때로는 환하게, 때로는 수줍게 웃고 있던 아이들의 모습이 아직도 눈에 선하다.

검은색이든, 흰색이든 아름답게 보이고자 하는 사람의 마음은 세계 어느 곳에 가든 똑같다.

2. 평양 가는 기차, 비행기　　　⊙ 블라디보스토크

　– 평양 여행을 가볼 수 있을까?

　　2019년 5월 가족들과 러시아 블라디보스토크 여행을 갔다. 러시아는 동서(동쪽과 서쪽) 길이가 9천km로서 가장 긴 국가이다. 한국에서 모스크바까지 비행기로 10시간을 가야 한다. 그러나, 동쪽에 있는 블라디보스토크는 3시간이면 러시아에 갈 수 있는, 유럽의 문화를 경험해 볼 수 있는 곳이다.

　　러시아는 오래전부터 북한과 교류가 많이 있는 나라이다. 2019년 북한의 김정은 위원장이 러시아 푸틴 대통령과 회담을 위해 블라디보스토크를 다녀갔다고 한다. 블라디보스토크역은 유라시아 횡단 열차의 시작 역이고, 북한으로도 갈 수 있는 철길이 연결된 곳이다.

　　여행 중 블라디보스토크역에 들러서 유라시아 횡단의 첫 출발지를 둘러보았다. 이곳에서 열차를 타고 러시아를 거쳐 유럽으로 여행하는 분들도 있다고 한다. 어떤 관광객들은 가까운 하바로부스키까지 1구간만 경험 삼아 타보는 분들도 있다고 한다. 유라시아 횡단 열차의 출발

점이라는 상징성에 비하여 기차역은 크지 않았지만, 얼마 전 푸틴 대통령이 다녀갔기 때문인지 잘 정비된 느낌이었다.

블라디보스토크 여행을 마치고 공항에서 한국으로 출발하는 비행기를 기다렸다. 비행기 출발 정보가 나오는 전광판을 보았는데, 영문으로 평양이라는 표시가 눈에 띄었다. 고려항공에서 취항하는 평양행 비행편이었다. 우리 출발시간보다 늦은 시간이었는데, 좀 더 있으면 평양으로 가는 북한 사람들도 볼 수 있을 것으로 생각하니, 기분이 묘하였다.

지금은 우리가 기차, 비행기 등 교통수단으로 평양에 갈 수가 없다. 몇 년 전에 금강산 여행이 몇 년간 운영하다가 없어졌는데, 그때라도 어른들을 모시고 한번 갔다 올걸 하는 아쉬움도 들었다. 이제는 갈 기회가 없으니 말이다.

어떤 정부가 들어서느냐에 따라 북한과의 관계가 좋았다 나빠지기를 반복하고 있는데, 최근에는 북한 정권이 매우 강경해지고 있어서 화해 무드가 조성될지 장담할 수 없게 되었다. 기차나 비행기를 타고 북한을 여행할 날이 올 수 있을까 싶다.

3. 무엇이 무법천지인가?　　　　　　　

– 혼돈 속의 보이지 않는 질서

2016년 처가 식구들과 같이 베트남 가족여행을 갔다. 베트남 참전용사로 월남전에 참전하셨던 장인어른이 베트남을 다시 방문한다는 것은 나름의 의미 있는 일이라고 생각되었다. 물론 그 당시와 지금은 많이 달라졌지만 말이다.

우리 가이드에게 한국이 베트남전에 참전한 것에 대하여 베트남 국민의 생각이 궁금하였다. 당시 베트남에서 공산당과 미국이 전쟁하였고 이때 한국이 참전하였는데, 미국이 패배하고 베트남 공산당이 승리하였다. 결국 지금 베트남 공산당 입장에서는 한국은 자신들과 싸웠던 국가이다. 가이드는 베트남 사람들이 그것 때문에 한국을 미워하지 않는다고 하였다. 당시 한국이 미국과 가까운 사이였고, 한국의 입장을 이해한다고 하였다. 참 의외의 대답이었다.

베트남에서 한국에 대하여 그런 마음이 있었기 때문인지 몰라도, 베트남과 한국은 좋은 관계를 유지하고 있다. 베트남 사람들이 한국 사람을 좋아하고 친절하게 대해주는 것을 느낄 수 있다. 한국 사람들도 베트남에 여행을 많이 가고 있고, 한국기업에서 베트남에 투자를 많이 하고 있다. 한국의 좋은 기업, 공장들이 베트남에 많이 들어왔고, 베트남에서는 한국어를 배워서 한국기업에 취업하는 것을 좋아한다고 한다.

베트남 하노이에서 외국인들이 가장 많이 다니는, 유명한 호안끼엠 호수에 갔다. 호수 주변에 엄청나게 많은 오토바이와 차량, 사람들이 뒤섞여서 다니고 있었다. 길거리를 지날 때마다 오토바이를 피해서 길을 건너는 것이 쉽지 않았다. 신호등도 거의 보기 힘들었다. 장인어른은 이것을 보면서 베트남은 "무법천지"라고 쓴소리를 하셨다. 신호등도 없고 사람과 오토바이, 자동차가 뒤섞여서 길거리를 건너야 하니 그렇게 보이는 것이 당연하다.

그러나, 내가 베트남에 5번을 다녀왔는데, 길거리에서 차들끼리, 오토바이끼리, 사람과 차, 사람과 오토바이가 사고 난 모습을 본 기억이 없다. 얼핏 무법천지처럼 보이는 상황에서 교통사고가 없다는 것이 신기할 따름이다.

신호등이 없고, 사람, 오토바이, 차가 뒤섞이는 상황 속에서 베트남 사람들끼리 무언의 약속과 규칙이 있는 것 같다. 서로 조심하고 주의하는 모습이 있는 것이다. 신호등과 차선이 없다고 무법천지라고 할 수 없는 것이다.

아무리 좋은 사회시스템과 인프라가 있더라도, 사람에 대한 서로의 배려가 없다면, 사고가 발생하는 것이다. 제도의 문제가 아니라 결국 사람의 문제인 것이다.

4. 과거에서, 미래에서 온 사람　

— 나라마다 연도(달력)가 다르다

우리나라에 새해(1월 1일)는 2번이 있다. 신정이라고 하여 매년 양력으로 1월 1일이 새해이고, 구정이라고 하여 매년 음력으로 1월 1일이 새해이다. 한 해 농사의 수확을 감사하는 명절인 추석은 음력으로 8월 15일이다. 이런 음력은 특별한 명절을 계산할 때 사용하고, 대부분 일상생활에서는 양력을 사용하고 있다.

그러나, 우리가 쓰고 있는 양력(그레고리 달력)을 사용하지 않는 나라가 있다. 서로 다른 시간에서 살고 있는 셈이다.

#　(네팔) 미래에서 사는 나라

2023년 네팔 연수 과정을 담당하였다, 연수생과 원활한 연락을 위해 왓츠앱으로 단체방을 만들었다. 연수가 끝난 뒤에도 단체방을 유지하고 연락을 주고받는다. 신기하게 4월에 단체방에 새해 인사 메시지가 올라왔다. 네팔 새해는 4월 14일이다. 그런데 날짜만 다른 게 아니다.

네팔의 달력은 "비크람 삼밧(Bikram Sambat)"이라 부른다. 네팔 음력인 삼밧을 중심으로 날짜를 따진다. 이 달력은 AD 879년부터 사용했다고 한다. 우리 날짜에 56년 8개월 17일을 더해야 한다. 한국의 2026년이 네팔은 2083년이다. 57년 앞선 미래에서 내려와서 2026년을 살고 있는 셈이다.

(에티오피아) 과거에서 사는 나라

2023년 현지 연수를 위해 에티오피아를 방문하였다. 호텔에 설치된 은행 지점에 들렀는데, 은행에 걸려 있는 달력이 이상했다. 2023년이 아니라, 2015년 달력이 걸려 있었다. 달력이 귀해서 지난 달력이 아직도 걸려 있는 것인지 의아했다.

그러나, 알고 보니 에티오피아는 1~12월은 30일로, 13월에 5일(윤년은 6일)로 구성된다. 우리 날짜보다 7년 8개월이 느리다. 한국은 2026년이지만, 에티오피아는 2018년이다. 그리고, 에티오피아 새해는 9월 12일이다. 에티오피아 사람들은 7년 8개월 전 과거에서 살고 있는 셈이다.

5. 서점에서 정보 얻기 ⊚ 캄보디아, 파키스탄

– 다른 나라에서 제작된 교과서(사회과 부도)

해외를 갈 때, 미리 해당 국가에 대해 참고가 될 만한 책을 찾아본다. 국내에 이미 알려진 해외 유명 관광지에 관한 책(여행책)은 손쉽게 찾을 수 있지만, 해외여행객이 많지 않은 국가에 관한 책을 찾을 수가 없다.

그나마 있는 책은 여행 가이드북 수준이어서, 그 나라에 대한 깊이 있는 정보를 얻는 데 한계가 있다. 교통, 숙박, 음식 등 말 그대로 여행에 대한 정보만을 제공해 주는 책이다. 좀 더 깊이 있는 국가에 대한 정보가 필요한 경우, 주로 현지 한국대사관, 대한무역투자진흥공사(KOTRA) 등의 홈페이지를 통하여 관련 정보를 얻는다.

해외를 가게 되면, 가급적 현지의 큰 서점에 들르곤 한다. 다행히 큰 서점이 있는 경우 영어로 된 책들이 전시된 코너가 있다. 전문 기술 서적에서부터, 어학 공부, 심지어 국제기구에서 수립한 국가개발계획까지 판매하는 국가가 있었다.

중고등학교 때 사회 시간에 배우던 사회과 부도는 한 나라의 국토, 인구, 자연환경, 산업 등 다양하고 유익한 정보를 많이 수록하고 있다. 해외 서점에서 이런 책을 구입할 수 있으면 금상첨화이다. 어디에서도 구할 수 없는 고급 정보이기 때문이다.

캄보디아, 파키스탄의 서점에서 이런 사회과 부도를 발견하여 구입한 적이 있다. 그 국가의 전체 현황을 파악하는 데 매우 소중한 자료였다. 그러나 의외였던 것은 캄보디아 사회과 부도의 경우, 덴마크 대사관에서 지원하여 편찬했다는 것이다. 파키스탄 사회과 부도는 영국 옥스퍼드대학 출판사에서 편찬하였다. 해당 국가의 자료들이 자국의 힘이 아닌, 해외의 지원을 받아서 만들었다는 것이 특이하였다.

캄보디아 서점에 한국의 박정희 대통령에 대한 자서전이 있었다. 개도국으로서, 한국의 발전에 있어서 박정희 대통령의 영향력이 컸다고 본 것이 아닐까, 싶다. 그 밖에 동남아시아 서점에서 쉽게 찾을 수 있는 것은, 한국어 사전, 한국어 회화, 한국 관광안내 책자이다. 그만큼 한국에 관한 관심이 높다는 증거이다. 다만, 한국 관광안내 책자의 경우, 다양한 한국의 볼거리, 먹을거리, 즐길 거리에 대한 최신 정보가 없어서 아쉬움이 있었다.

2025년 8월 베트남 여행 중 서점에 들렀다. 서점 중앙에 최신 트렌드에 맞게 AI, Chat-GPT에 대한 여러 종류의 책이 전시되어 있었다. 실제 베트남에서도 관심이 높은지 숙소 직원에게 물어보니, 베트남에서도 최근 Chat-GPT를 많이 사용하고 있다고 한다.

해외에서의 서점 나들이는 그 나라에 대한 좋은 정보가 수록된 책을 구입하기도 하고, 그 나라에서 어떤 것에 관심이 있는지 트렌드를 아는 데 도움이 된다.

6. 마트에서 일상생활 엿보기　⊗ **공통**

－ 시장에 가면 그들의 삶이 보인다

　해외여행을 가면 단골로 들르는 곳이 있다. 남대문같이 그 나라(지역)를 대표하는 전통시장과 이마트 같은 대형마트이다. 각 나라마다 유명한 시장과 마트가 있다. 단순히 시장을 구경하는 것도 있지만, 실제 기념품 등 물건을 많이 산다.

　농업에 관심이 많다 보니, 해외에 나가면 그 나라에서 어떤 농산물이 생산되는지, 가격은 얼마나 되는지, 어떤 상품이 판매되고 있는지 궁금하다. 전통시장이나 마트에 가면 쉽게 알 수가 있다. 특히 식료품과 같이 국민의 삶과 직결이 되는 제품들이 잘 공급되는지 알 수가 있다.

　아시아 국가에서는 간혹 한국의 식료품(라면, 과자)이 판매되고 있는 것을 볼 때가 있다. 너무 반갑고, 한국 식품이 점점 세계화되고 있다는 것을 느낀다. 다만, 일본 제품과 비교해 볼 때, 일본 제품이 가격이 더 비싸고 고급화되어 있는 경우가 많다.

홍콩의 국제 금융 빌딩 지하의 마트에서는 일본 복숭아 선물 세트가 200달러에 판매되고 있는 것을 보았다. 베트남에서는 일본 농축산물(고기, 쌀)을 전문으로 판매하는 상점이 별도로 있었다. 한편 부럽기도 하고, 더 분발해야겠다는 생각이 든다.

가족여행을 가게 되면, 현지 식당에서 식사를 하기도 하지만, 시장과 마트에서 먹을 것을 사서 숙소에서 먹을 때가 많다. 저렴한 가격으로 맛있는 음식과 과일을 먹을 수 있어서 좋다. 일본의 편의점이나 마트에서 판매하는 회-도시락은 우리나라 횟집에서 먹는 것보다 더 고급스럽다. 숙소 방바닥에서 둘러앉아서 가족끼리 같이 먹는 재미도 있다. 아내와 나는 호화로운 여행보다는 가성비가 좋은 여행을 추구한다.

해외 현지에서 시장을 거닐면서 현지인들이 살아가는 모습도 보고, 다양한 과일과 채소들도 구경하면서, 먹거리를 사 먹으면서 다닌다. 간혹 기대했던 맛이 아닐 때도 있지만, 기대하지 않았는데 맛있는 것도 있다. 더욱이 가격까지 저렴하면, 로또에 당첨된 것처럼 기분이 좋다. 아내는 필리핀 세부에서 먹었던 오징어튀김, 마카오에서 사 먹었던 곶감이 너무 맛있었다고 한다. 여행이 끝나면 또 하나의 무용담이 된다.

7. 개인 전화가 없는 명함　　　　　　　⚲ 공통

– 명함에 담긴 다양한 의미

직장에 다니면서 사람을 만날 때 명함을 주고받는 것이 첫인사 방식이다. 받은 명함을 명함첩에 보관해 왔는데, 최근에는 명함을 관리해 주는 앱이 생겨서, 명함을 받으면 바로 사진으로 찍어서 보관한다. 얼마 전, 그동안 모아놓았던 명함을 정리하였다. 10여 년 동안 국제업무를 하면서부터 받은 외국인 명함도 거의 1천 장에 달한다. 명함을 정리하다 보니 재미있는 사실을 발견하였다.

핸드폰 번호가 없는 일본인 명함

국제협력 업무를 하면서 일본의 농림수산성 공무원, 대학교수 등 관계자들과 접촉하는 일이 많았다. 만날 때마다 많은 명함을 주고받았다. 100명 넘는 일본인 명함을 정리하면서, 개인 핸드폰 번호가 적혀 있는 명함이 단 1장도 없다는 것을 알게 되었다. 오로지 사무실 번호, 이메일 번호만 있을 뿐이다. 생각해 보니, 개인 핸드폰 번호를 알고 있는 일본인은 1명도 없었다.

개인적으로도 그들의 핸드폰 번호를 물어본 적도, 받아본 적도 없었다. 이메일로만 안부를 나누고, 업무를 협의해 왔다. 한 번도 개인적인 연락과 만남을 가져본 적이 없었던 것이다.

핸드폰과 같은 개인적인 정보를 공개하거나, 개인적으로 소통하는 것을 꺼리고 오직 공식적인 업무로만 만난다는 것을 깨닫게 되었다. 그중 몇 명 친하게 지낸 사람들이 있어서 지금은 무엇을 하고 있을까 연락을 해보고 싶은 마음이 있는데 전화번호가 없다. 왓츠앱, 라인 등 SNS와 연결이 되어 있는 일본인은 없었다. 그때 왜 개인 연락처를 물어볼 생각을 하지 않았을까, 아쉬움이 들었다.

개인적으로 친분이 있는, 일본에서 교수를 하는 한국인분의 이야기를 들어보니, 일본에서 핸드폰은 매우 사적인 영역이라고 한다. 업무와 관련된 일로 핸드폰 통화를 하거나, SNS로 연락하지 않는다는 것이다. 최근 한국에서도 개인정보 보호 차원에서 핸드폰 번호를 넣지 않은 명함을 주는 경우가 있다.

출신 대학을 표시한 서남아시아 명함

명함 중 서남아시아 국가의 공무원들 명함을 받다 보면 출신 대학을 표시하는 경우가 많았다. 어느 대학에서 어느 전공으로 석·박사를 했는지 명함에 표기하는 것이다. 대부분 해외에서 유학하는 경우가 많았다. 자신이 해외에서 유학하고 왔다고 내심 자랑하고자 하는 의도가 아닐까, 싶다.

2019년 파키스탄에 갔을 때, 내가 만난 파키스탄 사람들에게 나의 명함을 전달하였다. 나의 명함에는 "공학박사"라고 표기되어 있다. 박사 학위를 받았느냐고 되물으면서, 부러워하는 것을 느낄 수 있었다. 나중에 들어보니, 파키스탄에는 석·박사 학위를 받을 수 있는 대학이 많지 않고, 그나마 대학원에 다니기 위해서 많은 돈이 들기 때문에 학위를 받은 사람이 흔치 않다고 한다. 그만큼 귀한 것이니, 나에게 부러움을 표시한 것이다. 사실 한국에서는 석·박사 학위를 받은 사람들이 많아서, 오히려 그런 눈빛이 부담스러웠다.

명함이 없는 공무원

현지에서뿐만 아니라, 연수 과정에 참석하기 위해 한국에 온 외국인 공무원들을 만날 때, 의외로 명함이 없는 경우가 많았다. 명함이라도 주고받아야 나중에 잘 기억이 되고, 인적 네트워크를 구축할 수 있는데 아쉬움이 있었다.

국내뿐만 아니라, 해외를 나갈 때도 명함을 가지고 다니면서 주는 것이 예의라고 생각한다. 명함이 없다고 하면 준비성이 없거나 예의가 없다는 생각이 들 때도 있다.

국제교육(ODA연수) 업무를 담당할 때, 연수에 참석한 개도국 공무원들에게 명함을 주면서 인사를 나누는데, 의외로 명함이 없는 연수생들이 많았다. 수료식 때 기념으로 명함을 만들어서 선물로 주면 좋을 것 같았다.

나중에 들어보니, 국가별 문화에 따라서, 고위급이 아니면 명함을 만들지 않는다는 것이다. 실무자들이 명함을 만들어서 다니면 오히려 건방지다고(감히 명함을 가지고 다녀) 생각할 수 있다는 것이다.

명함이라는 것이 사람을 만날 때 나를 알릴 수 있고, 인적 네트워크를 맺을 수 있는 중요한 시작점이 되는 것인데, 많은 아쉬움이 들었다.

8. 화폐가 없는 국가 ⊚ 공통

- 화폐는 그 나라의 국력

해외를 다녀오면 현지에서 사용했던 남는 화폐를 가져온다. 그리고, 한국에서 만나 외국인들에게 화폐를 바꾸자고 해서 모으기도 한다. 이렇게 모인 화폐를 별도의 앨범에 모아두고 있다. 이렇게 화폐를 모으다 보면 특이한 점이 눈에 뜨인다.

자국 화폐가 없는 국가

모든 국가는 자국의 화폐가 있어야 한다고 생각했지만, 그렇지 않다는 것도 알게 되었다. 태평양 섬국가에서 온 공무원들을 만났는데, 국가 규모가 작다 보니 대부분 자국의 화폐가 없이 이웃 국가의 화폐를 사용하고 있었다. 예를 들어, 나우루는 "호주 달러"를 화폐로 사용하고 있다.

2023년 새만금 잼버리 때 만났던 파마나 대원들은 "발모아"라는 동전만 자국 화폐로 사용하고, 지폐는 미국 달러를 사용하고 있었다. 2023년 에콰도르 연수생들은 미국 달러를 사용하였다. 인구 천8백만 명의 작지 않은 국가인데도 미국 달러를 화폐로 사용하고 있었다.

달러가 통용되는 나라

동남아시아를 다니다 보면, 현지 화폐뿐만 아니라, 미국 달러가 같이 통용되는 국가들이 있다. 미국 달러가 통용되면, 외국인 입장에서 환전을 하지 않아도 되니 편하기는 하다. 그러나, 자국 화폐보다 미국 달러가 통용된다는 뜻은 자국 화폐에 대한 신뢰가 낮다는 의미가 된다. 또한, 미국 달러의 가치에 따라 해당 국가 경제에 많은 영향을 미치게 된다. 자국 경제가 견실해지기 위해서는 자국 화폐가 통용되는 것이 맞다.

무엇을 넣을 것인가?

보통은 화폐에 역사적인 인물을 넣거나, 국왕의 얼굴을 넣기도 한다. 태국 국왕, 캄보디아 훈센, 베트남 호찌민, 인도 간디 등 그 나라를 건국하거나, 독립을 시켰거나, 국왕으로 추앙받는 사람들이다. 베트남은 모든 지폐에 호찌민의 얼굴이 그려져 있다.

그 나라를 상징하는 유적지, 관광지를 넣기도 한다. 그 나라가 추구하는 정책과 관련된 것을 넣기도 한다. 르완다는 어린 학생들이 노트북을 켜고 공부하는 모습을 넣었다.

9. 여권은 나의 힘 ◎ 공통

– 여권을 보면 알 수 있는 것들

여권의 힘

해외에서는 여권이 신분증이다. 자국의 여권으로 무비자 입국이 가능한 국가 숫자는 여권 파워를 의미한다. 한국은 2025년 헨리 여권지수(Henley Passport Index) 기준으로 190개국으로 세계 2위의 여권 파워를 나타내고 있다. 2025년 9월 미국 조지아주에서 발생한 한국인 근로자들 구금사태를 보면서, 비자의 중요성을 한번 더 인식하게 만들었다.

우리나라 여권 첫 장에는 이런 글이 적혀 있다. "대한민국 국민인 이 여권 소지인이 아무 지장 없이 통행할 수 있도록 하여 주시고 필요한 모든 편의 및 보호를 베풀어 주실 것을 관계자 여러분에게 요청합니다." 여권을 가지고 있다는 것은, 대한민국 국민으로서 외국에서 보호받을 수 있다는 의미가 된다.

프랑스 입국 시, 공항에서 EU 국가, 미국, 영국, 일본과 함께 한국 여권 소지자는 신속심사가 가능한 별도의 입국심사대를 이용할 수 있다.

특별한 대우를 받는 것 같아 매우 자랑스러웠다. 일부 국가는 관용여권을 가지고 들어가면 비자가 면제되는 국가도 있다.

2015년 스리랑카는 한국에서 비자 발급을 받지 않아도, 현지에 도착해서 비자를 받을 수 있는 국가였다. 공항에 도착해서 일정 금액의 비자 수수료(fee)를 내면 입국이 허가되는 시스템이다. 입국 시 문제가 될 수 있는 사람을 사전에 비자 심사를 통해 걸러낸다는 취지와 다르게, 국가의 수입을 늘리기 위한 수단으로 생각되었다. 관광객들 입장에서는 미리 비자를 받지 않아도 되니 편리한 시스템이기도 하다.

스리랑카는 남아시아지역협력연합(SAARC) 회원국으로서, 인도, 방글라데시, 파키스탄 등 8개 회원국에서 입국하는 사람들에게는 상호 비자를 면제해 주었다. 동일 지역 국가 간에 단합을 위한 조치로 보인다.

여권에 들어간 세렝게티

해외에서는 여권이 신분증이다. 여권에도 그 나라의 특징이 담겨 있다. 탄자니아 공무원의 여권을 본 적이 있다. 한 장 한 장 넘길 때마다 코끼리, 기린 등 아프리카 세렝게티 공원의 야생 동물들이 그대로 들어가 있었다. 동물원 입장권처럼 보일 정도였다.

탄자니아 여권을 보고 나니, 문득 우리나라 여권에는 어떤 그림이 그려져 있나 궁금했다. 평소 한 번도 유심히 본 적이 없었다. 우리나라 예전 여권에는 단순하게 2가지(남대문, 다보탑) 유적지를 넣었다. 최근 나온

전자여권에는 예전보다 더 다양한 그림(거북선, 훈민정음, 왕관, 백자, 청자 등)
이 들어가 있다. 외국인들에게 여권을 보여주면서 한국의 문화유산을
홍보할 수 있을 것 같다.

신분증에 이런 정보까지?

우연한 기회에 연수에 참석한 인도네시아 공무원들의 신분증을 본
적이 있다. 신분증에 생년월일은 물론, 직업(공무원 등), 종교(이슬람 등),
혈액형까지 들어가 있었다. 이렇게까지 자세한 개인정보를 신분증에
넣어도 되나 의문이 들었다. 주민등록증과 공무원증을 2개로 가지고
다니지 않아도 되고, 사고가 발생했을 때 혈액형 정보로 수혈을 해줄
수 있다는 장점이 있을 수도 있다. 그러나, 유독 눈에 뜨였던 것은 이슬
람 국가인 인도네시아에서 종교까지 넣게 되면, 종교가 다른 사람들은
상당한 부담이 될 것 같다.

인도네시아 공무원 중 기독교인 사람에게 물어보니, 종교가 이슬람
이 아니더라도 문제가 되지는 않는다고 한다. 다만 승진이나 요직에 올
라갈 때, 출신 지역(자바), 종교(이슬람)에 따라 영향이 있다고 한다.

어찌 되었든, 이슬람 국가에서 종교란에 기독교라고 쓰고 공무원 생
활을 한다고 하는 것은 큰 용기와 종교적 신념이 필요한 일이지 않을
까 싶다. 한편, 인도네시아에서는 종교가 없는 무종교인 사람을 불행한
사람이라고 생각한다고 한다. 이슬람이 아니더라도 하나의 종교를 가
지고 있어야 한다는 문화가 있다고 한다.

(문화)

5장

문화는 달라도
마음은 통한다

1. 텔레비전에 내가 나왔으면 ⊙ 태국

- TV 예능 짠내투어에 출연하다

2020년 코로나가 발생하기 이전에 해외여행에 대한 엄청난 붐이 일어났다. 여행지를 소개하는 방송프로그램도 많이 생겼는데, 대표적인 것이 2016년 시작한 KBS2 배틀트립이다. 방송을 보면서 여행지에 대한 정보도 얻고, 새로운 여행지를 찾기도 하였다.

2017년 11월 코이카와 태국 국제개발청(TICA)이 공동연수를 하기로 협약을 맺고, 코이카에서는 농촌개발 분야 한국 전문가를 파견하기로 하였다. 감사하게도, 강사로 추천이 되어 태국에 가게 되었다.

인천공항에서 태국으로 출발하는 비행기에 연예인들이 탑승하고 있었다. 박명수, 박나래, 김생민 등이 내 좌석 뒤쪽에 탑승하였다. 태국 방콕 공항에 도착하여 코이카 측에서 섭외한 운전기사를 만나서 코이카 지역사무소로 이동하기로 하였다.

입국 수속을 마치고 출국장으로 나와서 운전기사를 찾고 있었는데,

바로 뒤에 연예인 일행이 따라 나왔고 카메라 앞에서 촬영을 진행하고 있었다. 짠내투어라는 작은 깃발을 들고 있었다. 찾아보니 TV-N 짠내투어로 해외 여행지를 다니면서 저렴한 비용으로 여행하는 방법 등을 알려주는 여행프로그램이었다.

태국 일정을 잘 마치고, 한국에 돌아왔는데, 얼마 지나지 않아 아는 지인이 TV에서 나를 보았다는 것이다. TV-N 방송을 찾아서 태국 방콕 편을 찾아보니 공항에 도착하면서부터 촬영한 영상에서 나의 얼굴을 찾을 수 있었다. 연예인들 뒤편에서 운전기사를 찾아 이리저리 다니고 있는 나의 모습이 카메라에 찍힌 것이다.

태어나서 TV 프로그램에 내 얼굴이 나온 것은 처음이다. 정식 출연도 아니고, 메인 공중파 방송은 아니지만, 해외를 다니다 보니 이런 일도 생기는구나 싶었다. "텔레비전에 내가 나왔으면 정말 좋겠네" 노래 가사처럼 꿈을 이룬 셈이다.

2. 무엇이 진짜 모습인가?　　　　　　　　　　　◎ **일본**

– 어떨 땐 무심하고, 어떨 땐 친절하고

일본 사람들에게는 속에 있는 "혼네(本音)"와 겉으로 드러나는 "다테마에(建前)"가 있다고 한다. 국제행사에서 일본 사람들과 공식적인 자리에서 만날 때는 매우 친절하고 가깝게 느껴지지만, 공식적인 행사가 끝나고 나면, 사적인 만남에서는 깊이 있게 이야기를 나누기 어렵다고 느낀 적이 많았다.

"겉과 속이 다르다"라는 이중적인, 부정적인 모습일 수도 있지만, 일반 사람들도 어떨 때는 I(내향적)가 되고, 어떨 때는 E(외향적)가 되기도 하니, 사람의 다양한 면이 존재한다고 봐야 하지 않을까 싶다.

무관심한 일본인

2018년 5월 처가 식구들과 같이 일본으로 가족여행을 갔다. 한국인들이 많이 가는 규슈지방에서 후쿠오카, 구마모토, 아소산, 벳푸를 거처 오이타에서 돌아오기로 하였다.

차량은 렌터카를 타고 이동하기로 하였다. 공항에 내려서 렌터카를 넘겨받아야 하는데, 공항에서 렌터카 회사 위치를 찾기가 너무 어려웠다. 공항 안에 다른 렌터카 회사 데스크가 보였다. 예약확인서에 나와 있는 연락처로 전화해 달라고 부탁하였다. 직원들은 본인들이 도와줄 수 없다고 하였다. 책상 위에 놓여 있는 핸드폰으로 전화해 달라고 간절히 부탁하였지만, 거절을 당하였다.

다행히 어찌어찌해서 렌터카 회사 위치를 찾았지만, 당시 직원들의 반응은 이해하기 힘들었다. 핸드폰을 빌려달라는 것도 아니고, 전화 한 통 해주면 되는 것을 왜 그것조차도 도와주지 않았던 것일까, 아직도 의문이 든다.

렌터카를 운전하는 것이 처음에 익숙하지 않았다. 일본은 운전석 위치가 오른쪽에 있어서, 사거리에서 좌회전, 우회전할 때마다 헷갈렸다. 특히, 아소산에서 벳푸로 넘어가는 길은 좁고, 어두운 밤이어서 운전하기가 너무 힘들었다.

길을 잘못 들어 어느 리조트(수련원) 같은 정문 앞에 도착하였다. 그러나, 운전 실수로 길가 옆 도랑에 자동차 바퀴가 빠지고 말았다. 다행히 앞에 보이는 정문에 근무자가 있어서 반가웠다.

다가가서 우리 차 바퀴가 도랑에 빠졌으니, 경찰에 도움을 요청해 달라고 하였다. 그러나, 그 사람은 우리 차가 도랑에 빠진 것을 분명히 보았는데도, 아무런 대꾸도 없이 너무 야속하게 그냥 경비실로 돌아가 버렸다. 다행히 우리 가족 모두가 차를 들어 올려서 도랑에 빠진 바퀴를 빼낼 수 있었다.

첫날 공항에서 아무런 도움을 주지 않았던 렌터카 직원, 우리가 곤경에 빠진 것을 뻔히 보고도 그냥 돌아섰던 경비초소 아저씨. 일본 사람들이 차갑고, 냉정하다는 것을 느끼는 순간이었다. 아예 남의 일에 무관심한 사람들이라는 느낌이 들었다.

친절한 일본인

2025년 6월 오랜만에 아내와 같이 일본 도쿠시마 여행을 다녀왔다. 일본 엔화 환율이 낮아지기도 했고, 최근 일본 소도시 여행이 새로운 트렌드로 각광을 받았다.

공항에 내리자마자, 안내데스크에서 한국인 관광객을 위한 2일짜리 무료 패스권을 받았다. 안내데스크뿐만 아니라, 공항에 있는 마트와 공항버스 기사까지 모두가 친절하게 우리를 대해 주었다. 2018년 규슈 여행에서 만났던 일본인과는 전혀 다른 모습이었다.

역사적으로는 일본과 좋은 관계는 아니지만, 문화적인 교류는 예전보다 많이 늘어났다. 어렸을 때, 일본 만화를 TV에서 보면서 자랐던 시절도 있었지만, 지금은 한국의 드라마, 음악, 영화 등이 일본에서 인기를 얻고 있어서, 한국이 문화적으로 우위를 점하고 있다. 이러한 자신감 때문인지 몰라도, 일본 영화뿐만 아니라 과거에 생각할 수 없었던, 일본 가수가 일본어로 부르는 노래가 케이블 TV에 나올 정도이다.

시내에 있는 게스트하우스에서 숙박하고, 근처 여행지를 무료 패스권을 가지고 버스를 타면서 여행을 다녔다. 여행지에서도 많은 일본인이 우리를 환영하였고, 우리가 외국인(한국인)인 것을 알고 작은 기념품을 챙겨주기도 하였다.

2018년 규슈 여행에서 느꼈던 무관심하고 서운하기까지 했던 일본인에 대한 기억은 사라지고, 일본인에 대하여 친절한 사람으로 기억할 수 있게 되었다.

3. 외국인 가정집에 가보기　

- 집에서 그들의 살아가는 모습을 보다

ODA 연수 중에 외국인들에게 한국의 다양한 문화 체험 기회를 제공한다. 문화탐방, 산업시찰도 있지만, 홈비지팅이라는 한국 가정방문 프로그램이 있다.

외국인 연수생이 한국의 가정을 방문하여 한국문화를 즐기고, 식사도 하면서 한국의 가정문화를 체험하고 한국 사람들과 친분을 나누는 것이다. 홈비지팅에 대하여 외국인들의 반응이 좋다. 일반적인 관광지나, 견학지를 방문하는 것과 달리, 한국인의 삶에 더 깊숙이 들어가 볼 수 있는 것이다. 홈비지팅을 통해 서로 연락처를 주고받고 지속적인 관계를 이어가는 일도 있다.

#　한국 가정집

인도네시아 연수생들을 우리 집(아파트)에 초대한 적이 있다. 식사를

하고 아파트에서 보여줄 게 많이 없지만, 집 안 곳곳을 구경시켜 주었
다. 수원 화성에 있는 한옥 게스트하우스를 빌려서 한옥 체험을 시켜주
기도 하였다.

다른 직원의 홈비지팅을 따라간 적이 있다. 고기를 같이 구워 먹고,
윷놀이를 하면서 모두 즐거운 시간을 보냈다.

마당이 있는 옛날 집들은 보여줄 게 많이 있겠지만, 아파트처럼 규격
화된 요즘의 가정에서는 한국적인 것을 보여줄 게 많지 않아 아쉬움이
있다.

터키 가정집

해외를 많이 다녔지만, 일반 가정집까지 가본 경험은 많지 않다. 나
는 꼭 가보고 싶지만, 외국인에게 가보고 싶다고 말하기는 어려웠다.
아무래도 그분들 입장에서 외국인을 흔쾌히 집으로 초대하기는 부담
스러울 것이기 때문이다.

2014년 터키 마르딘에서 차량으로 길을 지나다가 드문드문 집들이
보였는데, 같이 갔던 일행들이 터키 현지인 집에 들러보면 어떻겠냐고
제안하였다. 설마 우리의 방문을 허락해 줄지 의아스러웠지만, 지나가
는 길에 보이는 집에 가서 우리를 소개하고 집을 볼 수 있는지 조심스
럽게 여쭤보았다. 의외로 너무나 흔쾌히 우리 일행을 맞이해 주었다.

집에 들어가니, 온 가족이 둘러앉을 수 있는 카펫과 소파가 있는 넓은 거실이 있었다. 거실에 둘러앉아서 이런저런 이야기를 나눴고, 우리를 위해 준비해 주신 차를 대접받았다. 부엌에 한국 LG 냉장고, 세탁기가 놓여 있는 것을 보니 너무 반가웠다. 집 밖에는 대형 트랙터를 보관하는 농기계 창고가 있을 만큼, 꽤 넓은 농장을 가지고 있는 농장주였다. 한국과 터키는 전통적으로 우호 관계가 좋은 나라인데, 터키 현지의 가정집을 방문하는 좋은 경험을 하였다.

캄보디아 가정집

2016년 캄보디아 현지 연수에서 선진지 견학지로 농촌 마을을 방문하였다. 마을 이장님의 집에서 새마을운동을 기반으로 한 농촌 마을 개발 성공 사례를 전해 들을 수 있었다. 이장님 댁의 대문은 마치 왕궁에 들어가는 출입문처럼 컸고, 집 안에는 연수생 50명이 들어가서 강의를 들을 수 있을 만큼 넓은 마당이 있었다. 한국의 코이카 사업을 통해 지역의 마을을 발전시킨 마을 리더, 성공한 마을 리더로서 자긍심이 매우 높았다.

인도네시아 가정집

2019년 인도네시아 자카르타에서 현지 연수가 있었다. 2017년부터

인도네시아 연수를 하면서 나와 가깝게 지냈던 YUS를 만났고, 그의 집
으로 초대를 받았다. 그의 동료인 DANDI도 같이 갔다. 그의 집은 3층
짜리 집이었고, 거실에서 같이 식사를 나눴는데 천장의 층고가 매우 높
았다. 고급 타운하우스 같은 곳이었다. 저녁과 다과를 먹고, 3층 옥상까
지 집을 둘러보았고, 준비해 준 인도네시아 전통의상도 입고 즐겁게 시
간을 보냈다.

앞서 2018년도 한국 초청 연수에서, YUS와 DANDI는 우리 집(아파
트)을 방문하였다. 마치 자랑하듯 집을 보여주었는데, 막상 YUS의 큰
저택을 방문하니, 부끄러운 마음이 들었다.

해외를 다니면서, 방문했던 가정집들이 그 나라의 일반 서민들이 사
는 집은 아니겠지만, 어떤 집이 되었든, 가정집을 방문하는 것은 그들
의 삶을 이해하고, 친밀해질 좋은 기회가 되었다.

4. 해외에서 경험한 축제 ⊙ 인도, 필리핀

- 인도 디왈리 축제, 필리핀 세부 시눌룩 축제

국가를 대표하는 축제들이 있다. 세계적으로 유명한 것이 브라질 카니발 축제, 태국의 송끄란 축제 등이 있다. 축제를 즐기기 위해 시기를 맞춰 일부러 찾아다니는 사람도 있다. 그러나, 나는 일부러 찾아다닌 것은 아닌데, 해외에 가면서 우연한 기회에 두 번의 큰 축제를 경험할 수 있었다.

인도 디왈리

2014년 11월 인도 하이데라바드에서 개최된 연수 기간에, 길거리에서 폭죽을 터뜨리는 소리를 들었다. 여기저기 터지는 폭죽 소리에 놀라기도 했고, 진한 화약 냄새와 연기가 길거리에 가득하였다.

인도에서 "빛의 축제"로 일컬어지는, 디왈리 축제 기간이었다. 10월 또는 11월에 5일간 열리는 축제로서 인도에서 가장 크고, 힌두교도들에게 가장 중요한 축제였다.

우리가 머무는 연수센터 근처 넓은 공간에 축제를 즐기기 위한 장소가 마련되었고, 저녁에 남자 직원, 여자 직원들이 열정적인 춤을 추기 시작하였다. 연수에 참가했던 외국인들이 둘러서서 축제를 구경하고 있었다. 우리에게도 같이 춤을 추자고 제안하였는데, 나는 빼지 않고 열심히 음악에 맞춰 같이 춤을 추었다. 한국의 그냥 막춤이었지만, 그들과 함께 어울리는 나를 좋아해 주었다.

그날 이후로 춤을 잘 추는 "미스터 리"로 불리었고, 연수센터 직원들은 나를 볼 때마다 엄지척하면서 반갑게 인사를 해주었다. 요즘 말로 인싸(Insider)가 되었다.

필리핀 시눌룩

2019년 1월 가족들과 같이 필리핀 세부로 여행을 갔다. 세부는 휴양지로도 유명한 곳인데, 조용한 곳에서 쉬다가 돌아올 생각이었다. 그러나 우리가 시내 관광을 하기 위해 길거리에 나가보니, 어디론가 향하는 엄청난 인파를 보게 되었다. 마치 2002년 월드컵 때 응원하기 위해 서울시청 앞 광장을 향해 무리를 지어 향하는 모습과 같았다. 알고 보니 시눌룩 축제를 즐기기 위해 행사장으로 향하는 사람들이었다.

시눌룩 축제는 세부섬에서 매년 1월에 열리는 민속축제이자 아기 예수 산토니뇨를 기리는 가톨릭 축제이다. 쇼핑몰에도 다양한 장식과

복장, 상징물들이 가득했는데, 시눌룩 축제를 축하하고 즐기기 위한 것
이었다. 너무 많은 인파로 인해 시내를 자유롭게 다니기 힘들었다. 마
음 같아서는 따라가서 좀 더 구경하고 즐기고 싶었다. 그러나, 현지에
서 만난 한인들은 많은 인파가 모여 있는 곳에는 안전을 위해 가지 말
라고 만류하였다. 더 많이 즐기지 못해 아쉬웠다.

5. 화려한 "아트 트럭" 📍 파키스탄

- 안전을 기원하는 마음으로

2019년 파키스탄 연수 기간에 다양한 현장 견학지를 다녀올 수 있었다. 도로를 달리면서 단연코 눈에 띄는 것이 화려하게 장식을 한 트럭들이었다.

트럭의 앞, 뒤, 좌우 모든 방향에 장식을 치렁치렁 달기도 하고, 화려한 색깔의 그림을 그려 넣기도 하였다. 심지어 밤에도 반짝반짝 빛이 나도록 LED 야광으로 장식하였다. 실제로 밤에도 화려하게 불빛이 반짝이었다.

이런 트럭을 "아트 트럭", 트럭에 그림을 그리는 것을 "트럭 아트"라고 불렀다. 트럭 아트가 유래된 것은 화려할수록 사업이 번창하고 행운을 가져다준다는 믿음이 있기 때문이라고 한다. 그러다 보니 한 달 월급이 몇십만 원에 불과한 기사들이 수백만 원에 달하는 비용을 지불하고서 더 화려하고 멋진 트럭 장식을 한다.

장식의 문양은 운전기사의 취향에 따라 선택하게 되는데, 이러한 트럭 아트를 장식해 주고 그림을 그려주는 것이 하나의 산업으로 자리 잡고, 전문직업이 있을 정도라고 한다.

파키스탄은 비포장도로와 좁은 1~2차로가 많아서 교통사고의 위험이 크다. 이렇게 장식한다고 실제 사고가 적게 일어나는지 알 수 없다. 그러나, 화려하게 장식한 아트 트럭들은 대낮에도 잘 보였고, 야광으로 장식한 트럭은 밤에 멀리서도 눈에 잘 띄어서 안전 운전에도 도움이 될 것 같다.

국가가 교통인프라를 잘 구축하여 안전 운전이 가능해지도록 만들어 줘야 하는데, 국가가 그렇게 해줄 수 없으므로 이런 트럭 장식을 통해 자신의 안전 운전을 기원하고 있는 게 아닐까, 싶었다.

6. 긍정은 춤을 추게 한다

- 자연재해를 이겨낼 수 있는 긍정의 힘

2019년 연말 필리핀의 ODA 사업 현장을 방문하였다. 지역의 농업 청장이 저녁을 같이 먹자고 우리를 초대하였다. 몇 명이 간단히 저녁을 먹는 자리로 생각했다.

막상 초대한 장소를 가보니, 어느 호텔의 큰 연회장이었고, 많은 사람이 있었다. 알고 보니 지역 농업청의 연말 송년 파티를 하는 것이었다. 해외를 다니면서 이런 송년 파티에 초대받은 것은 처음이었다.

그런데 참석자들이 지역 농업청의 직원들만 오는 것이 아니라, 삼삼오오 가족들과 같이 들어오는 것이었다. 온 가족이 함께하는 축제였다. 테이블에 둘러앉아서 맛있는 식사를 하였다. 너무 분위기가 좋아 보였다. 한국에서는 회사의 연말 송년 모임에 가족까지 오는 경우는 흔하지 않다.

필리핀 직원 중 한 분이 나에게 다가와 인사를 하였다. 얼마 전 한국에 초청 연수를 갔는데, 그때 나를 봤다는 것이다. 내가 근무했던 부서에서 시행했던 연수 과정에서 나를 본 것이다. 너무 반가웠고, 그의 가족들과도 인사를 나누었다.

얼마 지나지 않아, 직원이 나와서 사회를 보는데, 부서별로 댄스 경연대회를 하는 것이었다. 부서별로 나와서 춤을 추는 것이다. 남녀 상관없이 10명씩 5~6팀이 나와서 춤을 추었는데, 춤추는 실력이 프로급이었다. 프로 댄서를 섭외한 것처럼 보일 정도였다. 음악에 맞춰 춤을 추는데, 자리에 앉아 있던 사람들도 모두 같이 홀 중앙으로 나와 춤을 추었다. 청장 등 고위급들도 예외가 아니었다. 격식이 없이 다 같이 즐겁게 춤을 추었다. 나도 가만히 있을 수가 없어서 덩달아 같이 춤을 추었다. 정말 즐거운 자리였다.

자리에 함께했던 필리핀 직원의 말이, 필리핀 사람들은 태풍, 지진 등 자연 재난이 발생해도 아랑곳하지 않고 춤을 출 수 있다고 하였다. 필리핀은 태풍과 지진 등 많은 자연재해가 빈번하게 발생하는 국가이다. 태풍은 연평균 20회 발생하고, 내가 다녀왔던 민다나오섬에는 2019년 진도 6.7, 2023년 진도 7.6의 지진이 발생하여 사망자가 발생하였다.

즐거운 일보다는 슬픈 일이 많을 수밖에 없다. 그럼에도 불구하고 즐겁게 춤을 출 수 있다고 한다. 가톨릭을 믿는 신앙의 힘일 수도 있고, 빈번한 자연재해에 대하여 초월한 것일 수도 있다. 매번 슬퍼하며 울수만은 없을 테니까 말이다. 어찌 되었든 이런 긍정적인 마인드가 자연재해의 역경을 이겨낼 힘이 아닌가 싶다.

7. 쇼킹맨션 체험하기 📍 홍콩

– 중경삼림의 "청킹맨션"이 "쇼킹맨션"으로

2024년 1월 홍콩, 마카오 가족여행을 위해, 아내가 비행기, 숙소를 열심히 찾았다. 아내는 가성비 좋은 숙소를 찾는 데는 우리나라 1등일 것이다. 모든 여행이 성공적이었다. 이번에도 홍콩 침사추이 근처에, 이름도 그럴싸한 "라스베이거스 게스트하우스"를 예약했다. 전철역에서 가깝고 가격도 저렴해서 3박을 이용하기로 하였다.

홍콩에 도착하여 주소를 보고 찾아갔다. 큰 대로변에 "청킹맨션"이라는 이름의 건물이 있고 안으로 들어가니 중동, 서남아시아, 아프리카 사람들이 운영하는 가게(허름한 식당, 작은 슈퍼마켓)들이 있었다. 홍콩이 아닌 다른 나라에 온 기분이었다. 여기가 맞나? 의구심이 들었다.

작은 엘리베이터 입구가 있는 벽면에 붙은 간판에 여러 층에 많은 게스트하우스가 있는 것이 보였다. 그러나, "라스베이거스 게스트하우스"라는 이름을 찾을 수 없었다. 거주민으로 보이는 사람에게 물어봐도 모른다는 대답이었다.

예약확인서에 나와 있는 전화번호로 간신히 통화가 되었고, 담당자가 우리에게 오겠다고 한다. 에티오피아에서 온 아저씨가 매니저였다. 알고 보니 라스베이거스 게스트하우스라는 이름은 없고, 중간에서 숙소를 연결해 주는 업체의 이름이었다. 실제 우리가 묵은 숙소에 붙어 있는 이름은 다른 이름이었다.

우리 숙소가 있는 "청킹맨션"은 1994년 왕가위 연출, 양조위, 임청하가 출연한 영화 "중경삼림(영어 청킹 익스프레스)"의 무대가 된 곳이다. 우리에게도 잘 알려진 홍콩 르누아르 영화이다. 이곳은 초기에 매우 고급 맨션(아파트)으로서 부자들이 살다가, 이후에 건물이 노후화되면서 부자들이 떠나고, 외국인들이 들어와서 살고, 식당 등 장사를 하는 곳으로 바뀌었다고 한다. "중경삼림"의 촬영지가 되었던 곳은 과거의 추억이 되어버렸다.

외국인들이 살기 시작하면서, 청소 등 관리도 잘 안되어서 매우 지저분한 건물이 되었고, 점점 슬럼화가 되면서 외국인들끼리 살인사건이 발생하기도 하였다. 현지인들에게는 매우 위험한 곳으로 인식이 되었고, 홍콩 현지교회에서 우리가 청킹맨션에 숙소가 있다고 하니 매우 걱정을 해주었다.

30~40평대의 1가구가 있던 집을 개조해서 5~6개의 작은 방으로 나누어서, 방이 매우 좁았다. 한국의 예능 방송에서 "청킹맨션"에 하룻밤 자는 것이 벌칙으로 나올 정도로 매우 열악하고 위험한 곳이었다.

우리가 도착했을 때, 에티오피아에서 온 관리인이 "Don't worry"를 몇 번이고 반복하였다. 그 사람도 이미 외국인 여행객들이 이곳을 어떻게 생각하는지 알고 있는 듯, 계속 우리를 안심시키려고 했다.

그러나, 애초 3박을 하기로 했던 계획을 변경하여, 둘째 날 밤까지만 자고 3일 차는 다른 숙소를 잡아서 옮기기로 하였다. 해외여행 중 중간에 숙소를 옮긴 것은 처음이었다. 아내도 도저히 안 되겠다고 느낀 것이다. 걱정하면서 지냈던 이틀 밤이 무사히 지나고, 3일 차에 숙소를 옮겼다.

도저히 잊을 수 없는 청킹맨션을 떠나면서 기념사진을 찍었다. 우리 가족 모두, 이곳을 청킹맨션이 아니라 "쇼킹맨션"이라고 이름을 붙였다. 평생 잊지 못할 추억이 되었고, 앞으로 그 어떤 숙소에서도 잘 수 있겠다고 무용담처럼 이야기한다.

8. 콜라는 위대하다　　

– 전 세계 없는 곳이 없다

　해외에서 마시는 물 때문에 고생하시는 분들이 있다. 나라마다 물의 성분이 다르고, 위생적이지 않기 때문이다. 그래서 해외에 나가서 차가운 물을 마시지 말라는 조언을 듣기도 하고, 특히 얼음물의 경우에 수질이 안 좋은 물을 얼려서 만든 것일 수 있으므로 더 조심하라고 한다.

　2017년 여름, 한국에서 만났던 르완다 연수생들은 어느 곳에 가든 얼음이 들어가 있는 물과 음료를 마시지 않았다. 콜라를 시키면 컵에 얼음이 들어간 콜라가 나오기도 하고, 얼음이 들어가 있는 컵과 콜라를 따로 주기도 한다.

　그러나, 연수생들은 얼음을 전부 걸어 내거나, 아예 얼음이 없는 컵을 요청하기도 하였다. 날이 더워서 시원하게 마시면 좋으련만, 콜라를 얼음 없이 그냥 마시는 것이다. 위생을 염려해서일 수도 있고, 르완다에서 평소 그렇게 먹어왔던 습관 때문일 수도 있다.

나도 해외에 나가면 콜라를 자주 마신다. 그냥 물보다는 청량감도 있고, 캔에 담겨 있어서 위생적이기 때문이다.

신기한 것은 어느 나라, 어느 지방에 가더라도 콜라(코카, 펩시)가 없는 곳은 없었다. 콜라는 미국기업이지만, 그 나라가 미국과 어떤 관계이든 상관이 없다. 개도국의 수도뿐만 아니라, 시골의 작은 마을의 구멍가게에도 콜라는 있었다.

그것을 보는 순간, 콜라는 위대한 기업이라는 것을 깨닫게 되었다. 세계 어느 곳이든 콜라를 만날 수 있고, 어느 곳에서든 콜라를 마실 수 있게끔 완벽한 공급망을 가지고 있다는 것이다. 또한, 세계에 있는 누구라도 같은 맛의 콜라를 마실 수 있게끔 만든 것이다. 어쩌면 콜라에 중독이 되도록 만든 것이다.

코카콜라의 자료(2025년)에 의하면, 콜라가 만들어진 지 139년(1886년 발명)이 되었고, 200여 개국이 넘는 나라에 공급하고 있다고 한다. 하루에 소비되는 콜라의 양이 22억 병이 넘는다고 하니, 콜라를 마시지 않는 나라, 사람이 없을 정도의 글로벌 기업이다.

덕분에 나는 세계 어느 곳을 가든 물을 마시고 싶을 때 생수 대신에 위생적으로 안전하고, 어느 곳이든 똑같은 맛을 제공해 주는 콜라를 마실 수 있게 되었다.

9. 한여름의 크리스마스 ⊙ 공통

– 적도와 이슬람국가에서의 크리스마스

베트남 하노이의 유명한 호안끼엠 호수 근처에는 우리나라 인사동 같이 외국인들이 많이 가는 거리가 있다. 길거리를 다니다가 산타 복장을 보았다. 그냥 입어도 땀이 흐르는 산타 복장인데, 1년 내내 더운 베트남에서 산타 복장이 있다는 것이 신기하고, 진짜 산타 옷을 입고 크리스마스를 즐길까 궁금하였다.

베트남은 사회주의 국가이므로, 기독교의 예수님 탄생을 축하하는 성탄절(크리스마스)을 기념한다는 것이 의외이기 때문이다. 베트남은 공휴일은 아니지만, 크리스마스를 종교일이 아닌, 하나의 축제로 인식하고 있다고 한다.

실제로 기독교와 관계없이 크리스마스를 축제로 즐기는 국가가 많이 있다. 가까운 동남아 국가에서도 필리핀, 홍콩, 마카오, 싱가포르, 인도네시아 등이 공휴일로 지정하고 있다. 인도네시아의 경우에는 성탄절 이외에 불교, 힌두교 등의 종교기념일을 다 같이 공휴일로 지정하고 있다.

또한, 이슬람 국가인 이집트, 요르단도 성탄절이 공휴일로 지정되어 있다. 국가 이름은 기억나지 않지만, 어느 이슬람 국가에서 크리스마스 장식을 본 기억이 난다. 그때도 매우 신기하게 생각이 되었다.

크리스마스도 12월 25일이 아니라, 동유럽의 동방정교회를 믿는 국가들에서는 사용하는 날력의 차이로 인해 1월 7일을 성탄절로 보내고 있다. 종교적인 의미를 떠나, 크리스마스가 사회주의 국가, 이슬람 국가에서도 하나의 축제로 즐기고 있다는 것이 신기하였다.

제1차 세계대전이 벌어지던 1914년 성탄절(12월 25일), 서로 전쟁을 하던 영국군과 독일군이 전쟁을 잠시 멈추고 음식을 나눠 먹고, 축구를 했다는 유명한 일화가 있다. 이처럼 더운 국가이든, 종교가 다른 국가이든, 성탄절(크리스마스) 기간만이라도 모든 나라에 사랑과 평화가 가득하기를 바란다.

10. 서로를 존중하는, 다문화 가정

– 행복한 다문화 가정을 바라며

2000년대 이후 외국인 신부를 맞이하는 한국인 가정이 많아지고 있다. 특히, 베트남 등 동남아시아에서 오는 아내들이 많아졌다. 2025년 8월 베트남 당서기장(서열 1위)이 한국에 국빈 방문했을 때, 우리 대통령이 "베트남은 사돈의 나라"라고 했을 정도이다.

안타깝지만, 다문화 가정의 경우 문화적인 차이로 인해 남편과 시부모님과 갈등을 빚는 경우가 많아지고 이혼도 늘어나고 있다. 2024년 기준으로 다문화 가구의 비중이 전체의 약 2%, 35만 가구(가족 수 100만 명)이고, 다문화 가정의 이혼율은 평균의 1.5배로 높다고 한다.

TV에서도 다문화 가정을 다루는 프로그램이 있는데, 특히 외국인 며느리와 고부간의 갈등을 다루고 해결해 나가는 내용의 TV 프로그램(다문화 고부 열전, EBS)을 즐겨 보았다.

그러나, 매번 볼 때마다 왜 한국에 시집을 온 며느리에게만 한국의 언어와 문화에 적응하기를 강요하는지 불편할 때가 많다. 물론, 한국에 시집을 왔으니, 한국에서 정착하며 살기 위해서는 한국의 문화에 적응해야 하는 것은 당연하다.

그러나, 부부가 결혼하면 서로를 이해하려고 노력하는 것처럼, 남편들과 시부모님들도 외국인 아내(며느리)의 언어와 문화를 이해하려고 노력해야 한다. 너무 일방적으로만 우리 것을 요구하는 것 같아, TV를 보다 보면 마음이 불편하다. 자녀들도 엄연히 엄마와 아빠 양쪽의 문화를 이해하고 알아야 하는 것은 너무나 당연하다.

가끔, 한국인 여성이 외국인 남편을 만나서 미국, 유럽 등지에서 살아가는 모습이 TV에 나온다. 그때 남편들이나 자녀들이 한국말을 하고 한국 음식을 먹는 모습을 볼 때, 우리는 매우 반가워하고, 좋은 가정이라고 말한다. 동남아에서 한국에 시집을 온 가정을 바라보는 시선과 너무 이율배반적이지 않은가?

한국에서 다문화 가정은 점점 늘어가고 있다. 어느 학교는 한국 가정보다 다문화 가정 자녀들이 더 많다고 한다. 이 아이들은 성장해서 대학생이 되고, 청년이 되어 사회에 진출하게 될 것이다. 자기 어머니의 나라 언어, 문화를 가정에서 인정하고, 나아가 사회에서 존중받아야, 한국 사회가 건강해질 수 있다.

다문화 가정의 자녀가 외국인 엄마의 언어를 배우면서 이중언어(한국어와 외국어)를 구사하는 것은 굉장한 능력이 된다. 한국기업들이 동남아시아 등 많은 외국에 진출해 있는데, 이러한 이중언어를 구사할 수 있는 사람이 필요할 것이기 때문이다. 이들은 대한민국의 훌륭한 인적 자원이 될 수 있는 것이다.

2025년 8월 베트남에서 한국으로 돌아오는 비행기 옆자리에 베트남 할머니가 앉아 계셨다. 베트남 딸과 한국 사위가 결혼을 해서 2명의 손주가 있다고 한다. 맞벌이하는 딸 부부를 대신하여 손주를 돌봐주기 위해 한국에 몇 달 간격으로 자주 온다고 한다. 사위가 잘 해주고 있고, 딸도 한국 생활을 좋아한다고 한다. 할머니의 표정 속에서 근심·걱정보다는 행복한 모습이 더 크게 보였다. 한국에 잘 정착하고 있는 다문화 가정도 있다는 것을 느끼게 해주었다.

11. TV를 보면 그 나라가 보인다 ⊙ 공통

- TV만 봐도 그 나라를 알 수가 있다

해외에 나오면 일부러 숙소에서 현지 방송을 본다. 언어가 달라서 무슨 말인지 다 이해할 수 없지만, TV에서 나오는 뉴스, 광고, 드라마 등을 통해서 그 나라를 이해하는 데 도움이 많이 되기 때문이다.

파키스탄 : 물이 부족해

연수기관의 게스트하우스에 있던 TV를 통해, 물 부족 캠페인과 댐 건설을 위한 모금 방송이 나왔다. 유명 연예인처럼 보이는 사람이 춤과 노래를 하면서, 간절히 호소하였다. 물 부족 해결을 위해 댐 건설이 필요하니, 돈을 모으자는 내용이었다.

연수 기간 방문했던 많은 농업과 수자원 관련 연구소에서 물 절약 농법 등에 관한 연구 활동을 매우 활발하게 하는 것을 볼 수 있었다.

알제리 : 우리는 힘이 있어

알제리에 머물렀던 기간에 "국가 승전일"이 있었다. 전날 밤에는 자정 시간에 맞춰 폭죽이 터지고 많은 사람이 광장에서 국경일을 즐겼다. 당일에는 많은 식당과 상점이 문을 닫아서 대부분 호텔 숙소에 머물러 있어야 했다.

TV를 켜니, 우리나라 국군의 날처럼 군사 퍼레이드가 펼쳐졌고, 그 모습을 생중계로 보여주었다. 군사적으로 힘이 있다는 것을 대내외에 보여주면서, 자국민들에게는 자긍심을 심어주려는 목적으로 보였다.

저녁에 도시 중심부에 있는 광장 앞에는 대형 스크린에서 영화를 상영하고 있었고, 많은 사람이 모여서 구경하였다. 같이 갔던 가이드에게 물어보니, 알제리 독립전쟁의 영웅에 관한 이야기라고 한다.

인도 : 발리우드

인도는 발리우드(Bollywood)라는 영화산업으로 유명하다. 발리우드는 미국의 할리우드를 빗대어, 뭄바이(Bombay)와 할리우드(Hollywood)의 합성어이다. 23년 기준 인도의 영화 제작 편수는 약 2,500편으로 전 세계 영화 제작량 기준으로 세계 1위라고 한다. 우리가 알고 있는 대표적인 영화는 "세 얼간이" 등이다.

인도에서 TV를 켜면 어느 채널에서든 영화, 드라마를 볼 수 있었다.

인도 발리우드의 특징은 춤과 음악이 같이 나온다는 것이다. 영화라기보다는 마치 뮤지컬을 보는 듯한 느낌이다. 인도에서 유명 배우가 되기 위해서는 단순히 연기뿐만 아니라, 춤과 노래도 잘해야 할 것 같다.

인도에서 머물렀던 연구기관의 숙소에서, 아침 일찍 많은 사람이 부산하게 움직이는 것을 보았다. 알고 보니 영화 촬영을 한다는 것이다. 유명한 배우기 오는 것 같지는 않았지만, 많은 촬영 장비와 스태프, 그리고 배우들이 촬영하는 것을 멀리서 바라보았다. 인도 발리우드의 촬영 현장을 직접 보게 된 것이다.

에티오피아 : 노래 경연, 나도 스타가 될 거야

한국에서 오래전부터 노래, 댄스 등 각자의 재능을 겨루는 선발대회는 많이 있었지만, TV를 통해 전국적인 관심을 끌게 만든 것은 2009년부터 시작된 Mnet의 슈퍼스타 K가 아닐까, 싶다. 이후로 많은 경연대회가 있었고, 많은 스타가 발굴되었다.

에티오피아 TV를 통해서도 이와 유사한 경연프로그램을 볼 수 있었다. 참가자가 노래를 부르고, 앞에 있는 심사위원 3명이 평가를 해주었다. 심사위원의 표정은 매우 진지했고 냉정하게 평가해 주는 것 같았다.

한국 방송에서 많이 보았던 전형적인 경연프로그램의 모습이다. 한국과 다른 것은 무대와 영상이 화려하지 않고, 방청객들이 없이 매우 조용하고 차분하게 진행된다는 것이다. 어느 나라에서나 스타가 되기를 꿈꾸는 젊은이들이 있는 것 같다.

동남아시아 : 한국의 홈쇼핑

베트남 등 동남아시아 국가에서는 한국 케이블 방송의 홈쇼핑과 같은 포맷의 방송을 쉽게 볼 수 있다. 한국의 유명 홈쇼핑 회사들이 동남아시아에 진출한 것이다. 한국의 연예인이 동남아시아 홈쇼핑에 쇼호스트로 진출하여 성공을 거두었다는 뉴스를 접한 적이 있다.

TV에서 보이는 홈쇼핑에 한국 상품을 소개하는 모습도 보았다. 한국의 인삼, 김 등 우리에게 너무 친숙한 상품들이 해외에서는 귀한 상품으로 대접을 받는 것 같았다.

중동 국가 : 엄숙한 종교방송

이슬람 국가의 TV 방송은 매우 심심하다. 드라마, 음악 등 엔터테인먼트보다는 뉴스, 토론, 종교방송이 많다. 방송 진행자들도 무겁고 심각한 표정으로 진행한다. 코란 낭독을 해주거나, 종교 순례 기간(하지) 메카에서 순례하는 모습을 보여주기도 한다. 국민 입장에서 보면 TV가 재미없을 것 같았다.

그래서일까, 한국의 대장금이 2007년 이란의 국영방송을 통해 상영

되었고, 시청률이 매우 높았다고 한다. 대장금은 음식에 관한 내용이니, 정치적으로 논란이 없고, 조선시대 한복은 이슬람 국가의 복장 규정(노출이 없는)에도 부합한 것이니 문제가 될 것이 없었다.

이처럼 TV를 보면 그 나라의 다양하고 흥미로운 모습을 볼 수 있다. 해외에 나갔을 때 언어는 달라도 TV를 켜서 보기를 권한다.

(역사)

6장

역사를 통해
배운다

1. 조상 덕분에 산다　　

- 조상들의 희생으로 만든 문화유산

터키의 수도 이스탄불은 유럽과 아시아대륙의 경계로서 오래전부터 동로마와 오스만제국의 문명이 발달해 왔던 곳이다. 그런 이유인지 성소피아 성당, 블루모스크와 돌마바흐체, 톱카프 궁전 등 많은 화려한 역사 유적지를 가지고 있다.

2014년 이스탄불에서 1천km 떨어진 마르딘에서 개최된 국제행사에 참석했다. 마르딘 외곽에 있는 사원과 마을을 방문할 기회가 있었다. 우리가 방문한 사원은 시리아정교회 사원으로 AD 495년도에 건축되었고, 마을에 있던 수로(물이 이동하는 길)는 AD 224년 창건된 사산 제국 시대에 있던 고대도시 다라의 건축물이었다. 사원은 잘 관리가 되고 있었지만, 마을 수로에는 안내판도 없이 쓰레기가 버려져 있을 만큼 관리가 되지 않았다. 일일이 다 관리하기 어려울 만큼 유적지가 많다는 의미이기도 하다.

이렇듯 많은 문화유산과 아름다운 자연경관 덕분에 터키를 찾는 관광객 숫자는 코로나 이전에 2019년 4천만 명에서, 코로나 이후 2천만 명으로 줄었다가, 다시 2024년에는 5천만 명으로 증가하고 있고, 국가 경제에서 관광 수입이 차지하는 비중이 높다.

이러한 유적지를 만든 것은 수천 년 전의 선조들의 피와 땀으로 이루어진 것이다. 이러한 유적지를 건립한 선조들의 지혜, 기술이 있기도 했지만, 많은 노역 제공과 희생이 있었을 것이다. 이러한 선조들의 희생이 없었다면 이러한 유적지를 만들 수 없었을 것이다. 우리가 바라보는 역사 유적의 웅장함과 화려함 뒤에 선조들의 아픔이 같이 공존하고 있다.

중국의 만리장성, 캄보디아 앙코르와트 등 우리가 알고 있는 유명한 역사적 건축물을 볼 때마다 엄청난 규모에 놀라기도 하고, 그 당시 건축 기술에 놀라기도 한다. 또한, 얼마나 많은 희생이 있었을까 생각하게 된다. 선조들의 헌신으로 만들어진, 문화유산 덕분에 후손들이 관광업으로 먹고살 수 있게 된 것이 아닐지 싶다.

마찬가지로, 국내에도 많은 문화유산이 있다. 궁궐, 왕릉 등 이러한 유적지를 접할 때, 유적지의 아름다움과 축조 기술뿐만 아니라, 선조들의 희생까지도 같이 생각해 보게 된다.

2. 한 나라 안에 2개의 국가　　

– 러시아, 프랑스, 포르투갈 문화가 공존하다

베트남은 프랑스 식민지의 역사가 있다. 1862년 1차 사이공조약을 체결하고, 베트남의 식민지 지배 역사가 시작되었고, 1945년 프랑스로부터 독립하였다. 베트남의 글자(알파벳)는 프랑스 식민 지배보다 앞선, 17세기 중반 프랑스 신부인 알렉산드르(Alexandre de Rhodes)가 선교활동을 위해 만들었다. 이후 1900년대 프랑스 식민지 시대에 강제로 사용하게 함으로써 대중화가 되었다고 한다. 베트남의 대표적인 음식인 반미가 있는데, 바게트 빵 사이에 채소, 고기를 넣은 샌드위치 같은 것으로 이것도 프랑스 식민 지배 시기부터 유래한 것으로 알려져 있다.

#　베트남에 프랑스

베트남 다낭과 달랏은 한국인들에게 매우 유명한 관광지이다. 다낭에 가면 케이블카를 타고 올라가는 바나힐이라는 프랑스풍의 마을이 있다. 프랑스가 식민 지배하면서 너무 더운 베트남 날씨를 견디기 어려워, 시원한 휴양지를 찾던 중 해발고도 1,500m인 바나힐에 1919년 휴양지를 건설하였다고 한다. 현재 유명한 관광지가 된 바나힐까지 올라가는 3개의 케이블카가 있는데 그중 2호기는 5.8km 무정차 하는 케이블카로 세계 기네스북에 등재가 되었다.

달랏도 지대가 높아, 다른 지역보다도 온도가 10도 가까이 낮은 곳이다. 베트남의 다른 유명 관광지에서 보기 드문, 비닐하우스와 꽃밭을 볼 수가 있다. 더운 지역을 피해서 베트남 여행을 하기에 좋은 곳이다. 이곳도 바나힐과 마찬가지로 프랑스인들의 휴양지로 유명한 곳이고, 곳곳에서 프랑스풍의 건축물들을 볼 수 있다.

베트남에 러시아

2019년 1월 여행을 갔던 베트남 나트랑 길거리에서 많은 러시아 사람을 볼 수 있었다. 심지어, 길거리마다 러시아어로 표기된 간판과 교통표지판을 볼 수 있었다. 마치 러시아에 와 있는 착각이 들 정도였다. 추운 러시아에서 따뜻한 베트남으로 휴가를 온 것일 수도 있고, 같은 사회주의 국가로서 교류가 많기 때문으로 추측했다.

그러나, 알고 보니, 연중 얼지 않는 항구(부동항)가 필요한 러시아에서 1978년부터 2002년까지 24년 동안 나트랑을 해군기지로 임대하여 사용하였다고 한다. 지금은 임대가 끝났지만, 당시에 나트랑에서

머물렀던 러시아 군인들과 가족들이 찾아오는 인기 관광지가 되었다
고 한다.

예전 만났던 베트남의 수자원연구원의 고위인사 중에 러시아(옛 소
련)에서 석·박사 학위를 하신 분들이 있었는데, 군사적 교류뿐만 아니
라, 학술적인 교류가 많이 있었던 것 같다.

마카오에 포르투갈

중국 광둥성의 지역이었던 마카오는 1558년부터 1999년까지 포르
투갈 식민지였다. 마카오 길거리 간판과 버스 안내방송 등에 포르투갈
말이 나왔다. 실제 포르투갈 말을 알아듣는 사람이 몇 명이나 될지 의
문스러웠다. 마카오에 사는 사람들 대부분이 중국 사람처럼 보였기 때
문이다. 어쨌든, 식민지로서의 역사를 지우고 싶은 마음일 텐데, 440년
가까운 식민 지배 역사가 있어서 그냥 포르투갈의 역사를 그대로 받아
들이고 있다는 느낌이었다.

세도나 광장을 비롯하여 많은 곳에 포르투갈 양식의 건축물, 성당,
음식들이 있다. 특히, 유명한 에그타르트 집이 몇 곳이 있는데, 이것도
포르투갈의 영향인 것 같다. 만약 우리도 일제강점기가 36년이 아닌,
100년이 넘는 역사였다면 언어와 문화를 지키기가 어려웠겠구나 싶
었다.

3. 3천 년 전의 지혜　　　

- 고대 관개시설과 신전

세계에서 가장 더운 도시

이란은 과거 페르시아 제국의 고대 문명이 발달되었던 곳이다. 2017년 국제회의 참석을 위해 이란 남부지역 아바즈를 방문하였다. 아바즈는 한여름 기온이 50도를 넘길 정도로 전 세계적으로 매우 무더운 곳이다. 낮에 호텔 밖에 나가서 도로 위에 서 있으면, 마치 고기를 굽기 위해 달구어 놓은 돌판 위에 서 있는 기분이 들 정도였다. 2023년도에 50도가 넘어서 임시 공휴일을 선포했다는 뉴스가 있었다.

저녁 식사를 마치고, 관개(농업용수를 공급하는) 유적지 견학을 위해 이동 중 유명한 아이스크림 가게를 방문했는데, 들고 먹기가 무섭게 아이스크림이 녹기 시작하였다. 저녁 시간이었는데도 불구하고, 버스 안에 온도계는 48도를 가리키고 있었다. 저녁에 이 정도이니, 낮 기온은 오죽하겠는가? 60도에 육박했을 것으로 추정이 된다.

슈슈타 관개시설

우리가 방문한 슈슈타(Shushtar) 관개 유적지는 유네스코 세계유산 (2009년 등재)으로서, 기원전 5세기 전(약 2천5백 년 전) 페르시아 제국 때 건설된 교량, 보, 저수지, 터널이 있는 곳이다. 우리가 처음 간 곳은 강을 막아 6~7개의 수로를 내서 벽에서 물이 쏟아지면서 물레방아를 돌리고 발전하는 시스템이다. 규모가 크고 아름다워서 참석자들 입에서 탄성이 절로 나왔다.

오래된 성에 갔는데, 성벽 아래쪽에 큰 수로가 있었다. 3만 3천 헥타르의 농경지에 물을 공급할 수 있는 터널이라고 한다. 규모에 놀라고, 고대에 이런 기술이 있었다는 것이 또 놀라웠다. 함께 왔던 몇몇 이란 참석자들도 처음 와 본 곳이라고 하였다.

고대 신전 지구라트(Ziggurat)

아바즈 근처에 유네스코 세계유산(1979년 등재)인 "초가잔빌 지구라트"가 있다. 지구라트는 신전의 일종으로서 여러 곳에 있는데, 초가잔빌 지구라트는 3천3백 년 전에 건설된, 남아 있는 것 중 가장 오래된 지구라트이다. 얼핏 보면 피라미드의 작은 축소판처럼 보이고, 성경에 나오는 바벨탑을 연상시키기도 하였다.

가로세로 100미터가 넘고, 높이는 5층 높이의 신전이 중심에 있었다. 그 주변에 여러 개의 작은 신전(제단)이 있었다. 흙벽돌로 되어 있는데 어떻게 3천 년이 넘은 세월을 견디었을까, 너무나 놀라웠다. 그리고 3천 년 전에 이런 건축물을 만들었다는 것도 놀라웠다. 매우 건조한 지역이라서 홍수와 바람의 영향이 없어서 견딜 수 있었고, 흙벽돌은 건조함 때문인지 매우 단단하였다.

이런 허허벌판에 어떻게 이런 건축물을 짓고, 사람들이 살았을까? 의문이 들었는데 지구라트 입구를 나와 작은 언덕 위로 올라가 보니 멀리 넓은 나무, 농작물들이 심겨 있었고, 옆에 강(데즈)이 있었다. 매우 비옥하고 물이 있어서 사람들이 살기에 충분한 곳이었다.

4. 인간 학살의 비극　　　　　　　⊙ **캄보디아, 르완다**

– 캄보디아 킬링필드, 르완다 인종학살

캄보디아 킬링필드

캄보디아 프놈펜 시내에는 폴포트 정권의 대량 학살의 생생한 증거가 보존된 "뚜얼슬렝 박물관"이 있다. 1984년 제작되어 아카데미상을 받았던 영화 "킬링필드"의 배경이 되는 사건이 바로 캄보디아 폴포트 정권의 학살 사건이다. 1974년부터 1979년까지 폴포트 정권은 지식인을 포함하여 전 국민의 1/4에 해당하는 2백만 명을 끔찍하게 학살하였다.

뚜얼슬렝 박물관은 고등학교 건물로 사용되었던 곳인데, 이곳에서 사람들을 감금하고 고문해서 학살하였다. 차마 글로도 옮기기 어려운 참혹한 현장의 기록이 남겨져 있었다.

어떻게 이런 일이 일어날 수 있는지 너무나 충격적이었다. 박물관을 둘러보고 건물 밖에 나왔는데, 나무들이 울창하고 고요하였으나, 마음은 도저히 진정되지 않았다. 역사의 교훈을 위해 학생들이 알아야 할 역사이기는 하지만, 차마 어린 학생들에게 보라고 할 수 없을 정도다. 인간의 잔인함과 죄성이 너무 무섭다.

르완다 인종학살

2017년 르완다 연수를 통해, 아프리카 르완다에 대하여 알게 되었다. 후투족과 투치족 간의 비극적인 인종학살이 있었다는 것이다. 1994년 4월부터 7월까지, 후투족이 50~100만 명의 투치족을 살해하였다. 왜 이런 일이 발생한 것인가?

1919년 르완다는 벨기에의 식민지가 되었다. 벨기에는 식민 지배를 쉽게 하려고, 소수의 투치족이 다수의 후투족을 통치하도록 하였다. 숫자가 적은 투치족에게 권력을 맡기고, 다수였던 후투족은 권리를 빼앗기고, 강제노동에 시달리게 되었다. 이러한 벨기에의 인종차별적인 정책은 양 종족 간 갈등의 씨앗이 되었다.

1962년 르완다의 독립 후에도 이러한 지배구조는 지속이 되었고, 급기야 1994년 르완다 내전으로 확산하면서 다수이지만 차별받았던 후투족이 투치족을 학살하였다. 그러나, 대학살은 투치족이 수도를 다시 점령하면서 종료가 되었다. 이후에 학살을 피해 인근 국가로 피난 갔던 후투족 난민들은 르완다로 다시 돌아왔다.

결국 르완다 인종학살의 근본적인 원인은 내부의 문제라기보다는,

강대국의 식민정책에서 비롯된 것이다. 너무나도 안타까운 사건이다.

다행히, 지금 르완다는 평화를 되찾았고, 이러한 비극이 다시 발생하지 않도록 종족 간의 화합 및 정치, 사회시스템을 발전시키기 위한 노력을 많이 하고 있다. 이런 노력의 결과로써, 한국 정부를 비롯하여 많은 국제사회의 원조가 이루어지고 있다.

2017년, 2018년 르완다 공무원 초청 연수로 한국에서 만났던 르완다 사람들은 과거의 어두운 역사의 흔적을 찾아볼 수 없을 만큼 모두 밝았다.

5. 그 식당에서 안 먹을래요　　　⊙ 공통

- 인도네시아-말레이시아, 파키스탄-인도,
  알제리-모로코 이웃 국가

2002년 월드컵은 한국과 일본 공동 개최로 결정이 되어, "2002 한일 월드컵"이 되었다. 국제사회에서 보면 한국과 일본이 가까운 곳에 있으니, 공동 개최라는 타협안이 나온 것 같다. 그러나, 한국과 일본의 오랜 역사적인 배경을 생각하면, 쉽지 않은 결정이었다. 이처럼 세계 곳곳에서 이웃 나라 사이에 우리가 알지 못하는 많은 갈등의 역사가 있다.

인도네시아-말레이시아

2023년 11월 인도네시아 초청 연수가 있었다. 이태원에 있는 인도네시아 식당에 가기로 하였다. 그러나, 손님이 너무 많아서 다른 식당을 찾아야 했다. 이슬람 중앙사원을 지나가는데 "나시고랭" 메뉴가 있는 식당이 보였다. "나시고랭"은 인도네시아와 말레이시아의 대표 음식인데, 그 식당은 말레이시아 식당이었다.

날씨가 추워서 계속 돌아다닐 수 없었다. 그래서 여기에서 식사하자고 제안하였지만, 인도네시아 참석자들은 가지 않겠다고 하였다. 이유를 알고 보니 인도네시아-말레이시아는 사이가 안 좋은 국가였다. 결국, 한국 식당에서 식사했다.

이처럼 우리가 모르는 이웃 국가 간 갈등이 많다. 아마 역사적으로 친한 이웃 국가는 존재하지 않는 것 같다. 아무래도 인접 국가들은 영토, 자원분쟁 등 많은 갈등이 상존할 수밖에 없는 것 같다.

파키스탄-인도

2019년 파키스탄에서 개최된 연수에 참석하면서, 파키스탄-인도 사이에 갈등이 많이 있다는 것을 알게 되었다. 실제 카슈미르 지역에는 아직도 영토분쟁이 진행 중이고, 세계지도에서도 분쟁지역으로 표기되어 어느 국가의 땅이라고 명확하게 표기하지 않기도 한다.

얼마 전 비행기 안에서 실화를 바탕으로 만들어진 "호텔 뭄바이"라는 영화를 보았다. 2008년 파키스탄의 이슬람 무장단체가 호텔에 침투하여 수백 명의 사람을 죽인 큰 사건이 있었다는 것을 처음 알게 되었다. 이처럼 세계 곳곳에는 우리가 알지 못하는 분쟁과 갈등이 있다.

연수 장소인 이슬라마바드와 견학지(북부지역)는 인도와 접경지역에 있어 총을 들고 무장한 경찰이 우리 숙소를 지켜주고, 견학지 이동 시 무장경찰 차량이 우리 연수단 일행을 호위해 주었다. 연수가 끝나고 한국으로 돌아온 뒤 얼마 지나지 않아, 인도와 파키스탄 전투기 간에 교전이 있었다고 한다.

알제리-모로코

2024년 알제리 현지 연수를 준비하였다. 불어 통역사를 찾아야 하는데, 만약 한국에서 통역사가 같이 갈 수 없는 상황을 대비해서, 현지에서 섭외가 가능한 통역사를 찾았다. 다행히, 태양광발전에 관련된 일로 옆 나라인 모로코를 다녀오신 전문가를 통해, 불어 통역이 가능한 모로코 현지인을 소개받았다.

바로 옆 나라이므로, 한국에서 통역사가 같이 가는 것보다 교통비 등 비용이 적게 들 것 같아 다행이라고 생각했다. 그러나, 모로코에서 바로 옆 나라인 알제리까지 직항 비행기가 없고, 프랑스를 경유해야 했다.

왜 그럴까? 의아한 마음이 들어, 찾아보니, 모로코와 알제리는 사이가 매우 안 좋은 나라였다. 영토갈등이 있었고, 2011년 국경을 폐쇄하였다. 급기야 2021년은 외교관계까지 단절이 되었다. 옆 나라와 친한 국가가 없다는 것이 여기에서도 적용이 되었다. 비자 받기가 까다로운 알제리에서 모로코 사람이 비자를 받을 수 있을지도 의문이고, 알제리 연수생분들의 정서상 통역사가 모로코 사람인 것을 받아들이기 힘들겠구나 싶었다.

다행히 한국에서 불어 통역사가 직접 가기로 해서, 모로코 통역사를

섭외하기로 했던 것은 없던 일이 되었다. 설령 한국 통역사가 못 갔다
고 해도 모로코 통역사는 안 될 상황이었다.

6. 용산 전쟁기념관의 교훈   ⊙ 공통

- 22개 참전국가의 숭고한 희생에 감사하며

ODA 사업의 일환으로 한국에 초청되어 연수에 참여하는 외국인 공무원들이 좋아하는(의미 있게 생각하는) 방문지 중 하나는 "용산 전쟁기념관"이다. 서울에는 외국인들이 좋아하는 관광명소가 많이 있다. 경복궁, 북촌한옥마을, 청계천, 한강, 남산, 명동, 강남 등등 이루 헤아릴 수 없다. 그런데 왜 용산전쟁기념관이 좋아하는 곳 중 하나일까?

용산 전쟁기념관은 전쟁을 기념한다기보다는, 6.25 전쟁을 잊지 말고 기억해야 한다는 취지로 만들어진 곳이다. 한국전쟁이 발생하게 된 배경, 전쟁의 과정, 휴전에 이르기까지 모든 과정을 전시물과 시각 자료를 보면서 이해할 수 있도록 하였다.

한국에서 6.25 전쟁이 일어났고 전쟁의 폐허를 딛고 지금의 발전을 이루었다는 것을 듣기는 했지만, 막상 전쟁기념관을 보게 되면, 전쟁의 비극을 딛고 일어선 한국의 발전이 감동스럽게 다가올 것이다.

또한, 전쟁기념관에는 6.25전쟁에서 유엔군으로 참전했던 22개국(군사지원 16개국, 의료지원 6개국)에 대한 소개가 잘 되어 있다. 참전했던 군인의 숫자와 활동 내용, 희생자 숫자를 알 수가 있다. 전쟁기념관 벽면에 새겨진 수많은 희생자의 이름을 보게 되면, 저절로 숙연해지고, 감사의 마음이 들게 된다.

UN군은 22개국에서 약 2백만 명이 참전하였고, 이 중 15만 명의 사상자(사망 4만 명, 부상자 11만 명)가 발생하였다. 이 중 미국(사상자 14만), 영국(사상자 5천 명), 터키(사상자 2천 명) 순으로 희생자가 많았다.

가끔, 해당 국가(필리핀, 에티오피아)에서 온 공무원 연수생을 데리고 가게 되면, 자신의 나라 군인들이 6.25에 참전했다는 것과 희생했던 것을 보면서, 한국의 발전에 이바지했다는 사실에 대해 자긍심을 갖는다. 한국인으로서, 나는 먼 타국에서 한국까지 와서 헌신해 준, 그 나라에 대한 감사의 마음을 표현한다.

2014년 터키 국제행사에 참여했을 때, 이스탄불에 있는 한인 식당에서 만났던 터키 현지인 청년이 있는데, 자기 할아버지가 한국전에 참전했던 분이라고 하면서 매우 자랑스럽게 이야기를 한 적이 있다. 이스탄불에서 1천 킬로미터 떨어진, 마르딘에서 행사가 열렸는데, 한국 대표단에서 인근에 살고 있는 참전용사를 수소문하여 직접 찾아가서 선물을 드리고 감사의 마음을 전하였다.

2023년 8월 에티오피아에서 만났던 현지인 통역사가, 2024년 8월 한국을 방문하였다. 매년 한국 정부에서 한국전 참전용사를 한국으로 초청하는 행사가 있는데, 에티오피아 참전용사를 인솔해서 한국을 방문한 것이다. 참전용사들의 나이가 대부분 80~90대에 가까워져서 많이 돌아가시기도 했고, 건강상 한국에 오기 어렵다고 한다.

특히, 에티오피아 참전용사는 1975년 군부 쿠데타로 사회주의 국가가 들어서게 되면서, 한국전에 참전했다는 이유로 집을 빼앗기는 등 많은 박해를 받아서 자신뿐만 아니라, 후손까지 매우 어려운 삶을 살고 있다는 안타까운 내용을 TV에서 보았다.

한국 정부에서 그분들에 대한 감사의 마음을 잊지 않고 예우를 해주고자 하는 것은 잘하는 것이다. 우리 국민도 그분들의 숭고한 희생을 잊지 않았으면 한다.

(자연)

7장

서로 다른 자연환경 속에서 적응한다

1. 스스로 지키지 않는다면　　　

- 선진국과 개도국, 같이 노력해야

2017년 아름다운 태평양에 있는 섬국가(PIC; Pacific Island Country), 이름도 생소한 피지, 솔로몬, 나우루, 키리바시, 통가, 투발루, 사모아 7개국에서 온 공무원을 대상으로 초청 연수를 진행하였다. PIC는 태평양에 위치한 14개의 섬국가를 지칭하며, 니우에(Niue)는 인구가 1,673명(2023)으로 가장 작고, 나우루(Nauru)는 인구는 1만 명, 면적은 21km^2로서 서울 종로구 면적보다 작다.

해수면 상승에 따라 섬이 잠길 위기에 처해 있다는 국가를 뉴스에서 본 적이 있는데 바로 투발루이다. 국토(섬)의 모양이 긴 줄 모양으로 국토의 폭이 대부분 100~200m에 불과하다. 집의 앞마당과 뒷마당이 바다인 지형적 특징으로 해수면 상승의 위협이 매우 크다. 2021년 투발루의 외교부 장관이 바닷속에서 기후재앙의 위기를 연설하여 심각성을 호소한 바가 있다.

투발루보다 작은 나우루는 도시국가인 바티칸시국, 모나코에 이어 세계에서 3번째로 가장 작은 국가이다. 국토 면적이 2천ha(21km^2)에 불과하여 폭과 너비가 4km*5km 정도의 직사각형 모양이다. 여의도 면적(8.5km^2)보다 겨우 2배 크다. 남북으로 가장 먼 나우루국제공항과 호텔까지 거리가 9km이다. 구글 지도에서 검색하니, 차량으로 14분이다. 공무원들이 일하는 사무실과 집에서의 출퇴근 거리는 이보다 더 짧을 것 같았다.

나우루에서 온 공무원에게 출퇴근은 어떻게 하는지 물어보았더니, 차를 타고 다닌다는 것이다. 출퇴근 거리가 매우 짧아서 오토바이나 자전거를 타고 다녀도 되지 않느냐고 다시 물어보았다. 내심 걸어 다녀도 되지 않을까 싶었다. 돌아온 대답은 해맑게 "차를 타면 편하니까"라고 하였다.

물론, 짧은 거리라도 차를 타면 편한 것은 사실이다. 그러나, 차로 불과 15분밖에 안 되는 거리임에도 불구하고 매일 차로 출퇴근을 한다는 말을 들으니, 사람이 편리함을 추구하고자 하는 욕구는 끝이 없구나 싶었다.

그러나, 태평양 섬국가들이 기후변화에 따라 나라가 사라질 정도의 심각한 위기에 직면해 있으므로, 최대한 자동차 사용(탄소 배출)을 줄여야 할 것 같은데, 정작 그런 노력이 부족한 것이 아닌지 의문이 들었다. 뉴스에 의하면 나우루에 2023년 첫 전기차, 2024년 첫 전기버스가 도입되었다고 하니, 내가 만났던 2017년까지는 일반 자동차를 이용하였던 것이다.

물론, 기후변화의 원인이 선진국들의 산업화에 따른 것이므로, 그분들은 오히려 피해자일 수도 있다. 선진국들도 기후 위기에 대한 책임 의식을 가지고 더 노력해야겠지만, 그분들도 스스로 지키기 위해 같이 노력하는 게 필요할 것이다.

2. 태어나서 처음, 바다에 뛰어들다　　

－ 바다에서 수영하는 것이 인생의 꿈이었다

2017년 르완다 연수에서, 주한 르완다 대사님이 특강을 해주었다. 한국에서 대사로 있으면서 경험하고 느낀 점들을 자국의 공무원들에게 전달해 주었다.

르완다 대사관에서는 한국에 유학 온 르완다 학생을 대상으로 초청 행사를 한다고 하였다. 보통 대사관들이 자국민들을 지원하는 영사업무보다, 고위급 방문과 같은 의전 업무에 더 신경을 쓴다는 비판을 받는 사례가 많이 있는데, 그와는 대조적이었다. 자국민에 대한 사랑과 책임감이 크다는 것을 느낄 수 있었다.

르완다는 천 개의 산을 가진 나라라고 불릴 만큼, 구릉지(낮은 산들이) 가 많은 국가로서, 르완다 수출에서 커피가 차지하는 비중이 가장 클 만큼 커피 생산이 많은 국가이다. 르완다 대사관에 방문했을 때도 참사관으로부터 르완다 커피를 선물 받았는데, 세계 커피 품평회에서 수상을 했을 정도로 르완다 커피의 품질이 좋다고 하였다. 그의 카톡 프로

필에 태권도복을 입은 모습이 있었다. 자국에 대한 자긍심과 함께 한국에 대한 애정을 느낄 수 있었다.

르완다 연수 과정 중 고랭지(지대가 높은) 농업 현장을 견학하기 위해 강원도 강릉을 찾았다. 안반데기를 둘러보고 남은 시간에 바다를 보여주기 위해 강릉 경포대를 찾았다. 갈아입을 옷도, 갈아입을 장소도 없어서 수영은 하지 말고, 해수욕장 백사장을 걷고 바다를 보고 오라고 안내하였다.

경포대에 내리자마자 말릴 틈도 없이, 연수생 일부는 옷을 입은 채로 바다에 뛰어들어서 수영하였다. 바다에서 수영을 해보는 것이 평생소원이었단다. 평생소원을 이루고 행복해하는 모습을 잊을 수가 없다. 나의 안내를 따르지 않았다고 뭐라고 할 수도 없었다.

2018년도 르완다 연수단에게 바다 체험을 해주고 싶어서, 경기도 안산의 바닷가에 있는 어촌 체험 마을을 찾았다. 바닷물이 빠지는 썰물 때에 맞춰, 바가지와 호미를 들고 조개를 캐는 체험을 하였다. 바닷물이 빠지는 모습을 보던 연수생 한 명이 "이 바닷물은 어디로 가느냐?"고 묻는 것이다. 한 번도 받아보지 못한 질문에 뭐라고 답을 해줬는지를 기억이 나지 않지만, 바다를 처음 보는 어린아이와 같은 질문이었다.

3. 중동의 천연 스키장　　　　　　　　

- 중동 국가에 한국보다 더 좋은 천연 스키장

2018년 강원도 평창 동계올림픽이 열렸다. 많은 동계올림픽 경기가 눈 위에서 펼쳐지는 종목이라 많은 눈이 내려야 한다. 그러나, 최근 기후 온난화로 인해 눈이 내리는 횟수와 적설량이 많지 않아 대회 관계자들이 걱정을 많이 했다고 한다. 실내에서 개최되는 빙상종목의 경우, 어떻게든 얼음을 얼리면 되지만 눈은 인공적으로 만드는 데 한계가 있기 때문이다.

동계올림픽을 개최한 대한민국 강원도에서도 눈을 걱정하는데, 사막이 있는 중동 국가 한복판에 천연 스키장이 있다면 믿을 사람이 얼마나 있을까?

2011년 이란 테헤란에서 개최된 국제행사의 공식적인 일정이 끝나고, 주최기관에서 참석자들을 위한 특별 프로그램을 준비해 주었다. 테헤란 시내 뒤편에 있는 산 전망대에 올라가는 프로그램이었다.

엘부르즈산맥에 있는 토찰산(정상 3,965m) 전망대까지 올라가는 코스였다. 버스를 타고 산 입구에 도착하여, 케이블카를 타고 올라갔다. 케이블카의 길이가 워낙 길고, 높이 올라가는 코스라서 중간에 2번 갈아타고 올라갔다. 산 입구에서는 추위를 느낄 수 없었지만, 올라갈수록 온도가 낮아졌다. 산은 나무가 거의 없는 황량한 산이었다.

놀라운 것은, 산 입구에는 눈이 쌓인 산의 모습과 스키장에서 스키를 타는 모습의 간판을 볼 수 있었다. 중동 하면 뜨겁게 태양이 타오르는 사막을 연상하였는데, 이곳에 자연적인 스키장이 있다는 것이 너무 신기하였다. 내가 갔던 11월은 아직 눈이 많이 오는 시기가 아니어서 실제 스키를 타는 모습을 볼 수 없었지만, 11월부터 5월까지 많은 사람이 스키를 즐긴다고 한다.

한편, 2005년 세계 최대, 중동 최초로 아랍에미리트 두바이에 실내 스키장이 건설되었다. 축구장 3개를 합친 면적에 높이 85m, 길이 450m의 슬로프가 있다. 중동에 천연 스키장이 있다는 것도 신기하지만, 실내 스키장을 건설해서 이용하고 있다는 것도 놀라운 일이다.

4. 물은 생명이다　　　

- 진정한 물 부족 국가 이야기

2010년대 초반, 북아프리카의 모로코에서 온 공무원을 대상으로 수자원 분야에 대한 강의를 한 적이 있다. 강의 내용 중 "한국은 물 부족 국가"라는 말이 있었다. 그 말을 들은 모로코 공무원이 한국은 오랫동안 논 농업을 하는 국가이므로, 결코 물 부족 국가가 아니라고 하였다. 논 농업 특성상 재배기간에 물을 논에 가둬서 사용하고 있으므로, 사막이 있는 모로코 공무원의 시각으로 한국은 물 부족 국가일 수가 없는 것이다. 그 이후로 외국인 강의에서 한국은 물 부족 국가라는 말을 사용하는 것이 신중해졌다.

2019년 파키스탄의 연수기관 숙소에서 TV를 틀었다. TV에서는 댐 건설을 위한 대국민 모금 캠페인 방송이 나오고 있었다. 물 부족을 해결하기 위해 댐 건설이 필요하니 국민이 참여해 달라는 것이다. 이 외에도 물 절약 캠페인 방송도 볼 수 있었다. 우리나라 TV에서 물 부족 해결을 위한 물 절약 또는 댐 건설 캠페인 방송을 본 기억이 별로 없다.

농업의 비중은 높지만, 강수량이 적은 파키스탄에서 물은 매우 중요한 자원이다. 파키스탄은 중앙에 인더스강이 흐르고 있지만, 인더스강 상류는 인도와 영토분쟁이 있는 카슈미르 지역이다. 1960년 인도와 파키스탄은 세계은행의 중재로 "인더스강 조약"을 체결하고, 인더스강 본류 및 지류에 대한 물 배분에 대하여 합의하였다.

수자원이 부족한 파키스탄에서 인더스강의 물은 농업용수 공급뿐만 아니라, 수력발전을 위해서도 매우 중요한 자원이다. 인도와 파키스탄 간의 몇 차례 분쟁이 있었지만, 인더스강 조약만큼은 지켜왔다.

그러나, 2025년 인도와 파키스탄의 분쟁으로 인해, 인도는 인더스강 조약의 일시 중단을 선언하였고, 파키스탄은 인더스강 물 이용을 방해하는 것은 전쟁으로 간주한다고 발표하였다. 앞으로 어떤 결론이 날지 모르지만, 이처럼 물이 부족한 국가에서 물은 생명이고, 물을 지키기 위한 물 전쟁이 발생할 수 있다.

2013년 스리랑카 수자원 관련 연구소와 저수지(댐)를 방문한 적이 있다. 그때 건물 벽면에 스리랑카 고대 왕이 했던 "한 방울의 물도 바다에 그냥 흘려보내지 않겠다"라는 말이 적혀 있었다. 작은 국토 면적을 가지고 있고, 섬국가인 스리랑카에서는 하늘에서 내리는 빗물 한 방울이 소중한 것이다. 이것을 잘 이용하는 것이 국가의 흥망성쇠를 좌우하고, 나라를 통치하는 왕이 해야 할 중요한 역할 중 하나일 것이다.

이런 나라들은 댐 건설 등 물 확보를 위한 노력뿐만 아니라, 가장 많은 물이 소비되는 농업에서 어떻게 절약할 수 있는지? 많은 연구를 하고 있다.

5. 섬 같은 내륙 국가　　　　　　　　

– 바다가 없는 내륙 국가

2017년 바다에서 수영하는 것이 평생소원이었다고 말했던 르완다 연수생을 통해, 바다가 없이 다른 국가에 둘러싸인 내륙 국가(land lock country)의 문제점에 대하여 생각하게 되었다.

내륙 국가는 항구를 통해 물품(농산물 등)을 수출입을 하기 위해서, 다른 나라의 육지를 통과하고 항구를 이용해야 한다. 따라서, 수출입 자체도 어려울 뿐만 아니라, 유통비가 더 들어서 수입품의 가격은 높고, 수출품의 이익은 감소하는 매우 불리한 지역이다.

과거에는 군사적으로 외세의 침입을 받지 않는 장점이 있었겠지만, 지금은 오히려 경제적인 이유로 단점이 크다.

전 세계적으로 44개국이 내륙 국가이고 이들 국가 중에 "이중 내륙 국가", 즉 바다로 가기 위해 2개의 국가를 거쳐야 하는 국가는 우즈베키스탄 등 2개국이라고 한다. 가깝게는 몽골, 라오스, 네팔이 내륙 국가이다. 이들 국가는 해상물류를 위해서 주변국의 항구를 빌려서 사용해야 한다.

2023년 에티오피아를 방문했을 때, 에티오피아가 원래는 바다가 있는 국가였는데 내전으로 인해 내륙국으로 바뀌었다는 것을 알게 되었다. 내전으로 1993년 에리트레아가 독립함으로써, 내륙 국가가 되어버렸다. 이에 따라 인근 국가의 항구를 빌려서 사용하고 있다. 아프리카 최대의 커피 생산국인 에티오피아는 커피 수출에 필요한 물류비 증가 등 경제적인 영향이 클 것이다.

내륙 국가의 문제를 바라보면서, 반대로 우리나라는 바다로 둘러싸인 섬국가라는 사실을 다시 한번 인식하게 된다. 한반도는 아시아대륙의 동쪽 마지막 끝에 자리 잡고 있지만, 북한으로 막혀 있어, 육상으로 사람과 물건의 이동이 자유롭지 못하기 때문이다.

6. 그들은 게으른가?　　　

- 각자의 자연환경에 맞춰 살아가는 것일 뿐

한국이 어떻게 발전했는가? 이야기할 때, 한국 사람들의 부지런함을 이야기한다. 그러면서, 개도국이 못사는 이유는 "그들은 게으르기 때문"이라고 쉽게 말한다.

4계절이 있는 한국에서는 그 계절마다 해야 하는 일이 있다. 봄에는 씨를 뿌려야 하고, 가을에는 거둬야 하고, 겨울이 시작되기 전에 김장하고 겨울나기 준비를 해야 한다. 그 시기를 놓치면 한 해 농사를 망치게 되고, 가족의 생계에 큰 문제가 생긴다. 지금은 농업기술의 발달로 4계절 먹거리 걱정 없이 살고 있지만, 과거에는 그러지 못했다.

이런 자연환경의 특성으로 오랫동안 부지런함이 몸에 배게 되었고, 부지런함 덕분에 한국 경제발전의 원동력이 되었다는 것에 이견이 없다. 그러나, 우리는 부지런하게 살았던 반면, 개도국이 못사는 이유가 단순히 "게으름" 때문이라는 것은 동의하기 어렵다.

2013년 11월 태국 치앙마이에서 개최된 국제행사가 끝나고 현지 벼 농사 지역 견학을 가게 되었다. 11월이면 한국은 늦가을이 지나고, 초겨울 날씨인데, 태국 치앙마이는 기온이 30도가 넘는 더위였다. 야외에서 농작업을 하기 힘든 날씨였다. 당연히 그 더운 날씨에 논에 사람들은 보이지 않았다. 다행히 그 지역은 2~3모작이 가능한 곳이므로, 한 번의 농사를 쉬어가더라도 피해는 상대적으로 크지 않다.

그들은 게으른 것이 아니라, 그 나라의 자연환경 때문에 밖에 나가서 농사를 지을 수 없고, 이번 농사를 망치더라도 다음 농사를 기다리면 되는 상황이었다. 비단, 태국에서 보았던 모습뿐만 아니라, 어느 나라이든 그 나라의 자연환경에 맞춰 적응해 나가고, 그들만의 방식으로 농사 방법을 만들고 살아간다.

베트남에 방문할 때마다 특이한 것은, 아침 7시 이른 시간임에도 불구하고 많은 가게와 상점들이 문을 연다. 식당 앞 길거리에 놓인 테이블과 의자에 사람들이 앉아 커피를 마시고, 쌀국수로 아침 식사를 한다. 일반 상점도 일찍 열고 손님을 맞이한다. 뜨거운 낮을 피해서 아침 일찍부터 가게를 열고 부지런하게 살아간다.

그 나라의 자연환경에 맞춰서 살아가는 것이었다. 이것을 단순히 우리와 비교해서, 게으르다고 말할 수 있을까? 그렇지 않다.

7. 수도(capital city) 몰래 옮기기

◎ 미얀마, 인도네시아, 말레이시아

– 미얀마, 인도네시아, 말레이시아 수도 이전

2014년 우리나라는 행정수도를 세종시로 옮겼다. 수도권의 집중화를 막고, 지역의 균형발전을 위해 노무현 대통령의 공약으로 추진이 되었다. 중앙부처의 이전과 별개로, 공공기관들도 수도권을 제외한 전국에 혁신도시를 조성하여 이전을 하였다.

일본 농림수산성 공무원들과 국제행사에서 수도 이전에 관하여 이야기를 나눈 적이 있다. 일본에서도 과거 도쿄의 중앙부처를 다른 곳으로 이전하는 계획을 검토하였으나, 실행에 옮기지는 못했다고 한다. 그러면서, 한국의 빠른 의사결정과 실행에 매우 놀라워하였다. 아시아 여러 국가 중 이와 같은 수도 이전을 실행하거나 계획하고 있는 국가가 있다.

미얀마 네피도 : 수도 이전 비밀작전

미얀마는 예전에 "버마"로 불렸다. 버마는 1983년 전두환 대통령의 해외 순방 당시, 우리나라의 장 차관급 고위직을 포함하여 17명이 희생당하신 "북한의 아웅산 묘지 폭파 사건"으로 우리에게 잘 알려진 국가이다. 1989년 지금의 미얀마로 명칭이 바뀌었다.

2015년 미얀마 양곤과 네피도를 방문하였다. 일반인들은 미얀마의 수도를 양곤으로 알고 있지만, 실제는 네피도이다. 100여 년간 양곤이 수도였지만, 2005년 갑자기 네피도로 수도를 이전하였다. 중앙부처에서 일하는 공무원들조차 몰랐을 정도로 극비리에 이루어졌다고 한다.

2004년부터 수도 이전에 대한 소문이 있었지만, 정보 유출을 꺼렸던 군사정부는 2005년 11월 4일에 수도 이전 계획을 설명하고, 11월 6일에 중앙부처 이전을 시작하였다. 수도 이전의 사유는 군사적인 목적이 컸다고 한다.

2015년 네피도 방문 당시, 중앙부처 건물들은 한곳에 모여 있는 것이 아니라, 드문드문 마치 요새 속에 숨겨져 있는 것처럼 배치가 되어 있었다. 메인 도로는 10차선 도로인데, 다니는 차가 거의 없었다. 이렇게 크게 만들 필요가 있었을까? 과다하게 계획되었다고 느껴졌다. 아마도, 비상활주로 등 군사적인 목적이 있지 않았을까 싶다.

인도네시아 자카르타 : 수도가 가라앉고 있다

2017년 자카르타 NCICD(수도권 해안종합개발사업) 사업연수를 담당하였다. 수도인 자카르타의 땅(지반)이 매년 20~30cm씩 침하되어 바닷물이 해변 주거지로 월류하는 심각한 상황이 발생하고 있다.

이를 해결하기 위해 해안방조제 건설 등 사업을 구상하고 있었다. 인구가 2.8억 명으로 세계에서 4번째로 큰 국가인 인도네시아의 수도 자카르타(3천만 명이 살고 있는)가 가라앉고 있다는 것은 상상할 수 없는 큰 재앙이다.

이에 대한 대안으로 2019년 인도네시아 정부는 칼리만탄섬의 누산타라 지역으로 수도 이전을 발표하였다. 수도 이전과 별개로, 가라앉고 있는 자카르타에 대한 항구적인 대책 마련이 시급해 보인다.

말레이시아 푸트라자야 : 행정수도 분리

2014년 말레이시아 쿠알라룸푸르 국제공항에서 시내로 들어가기 위해 철도를 타고 가다 보니 중간에 푸트라자야가 보였다. 말레이시아의 수도는 쿠알라룸푸르이지만, 중앙 부처가 모여 있는 푸트라자야는 행정수도이다.

수도인 쿠알라룸푸르에서 25km 떨어져 있어 거리가 가깝고, 고속철도로 20~30분이면 접근할 수 있다. 1995년 건설을 시작해서 2010년

이전을 완료하였다. 쿠알라룸푸르에서 가깝고 수도에 집중된 것을 분
산시키는 효과가 좋아서, 한국의 행정수도 이전 시 좋은 모델로 참고하
였다고 한다.

8. 갈라파고스를 살려라 ⊙ 에콰도르

– 세계 자연유산 살리기

갈라파고스는 찰스 다윈의 "종의 기원"이란 책을 통해서 유명해진 곳이다. 또한, 무엇인가 세상과 단절되어 동떨어져 있는 상황을 빗대어 "갈라파고스"에 갇혀 있다는 표현을 쓰기도 한다.

갈라파고스는 남미의 중간에 있는 에콰도르에서 왼쪽(태평양)으로 1,000km 떨어져 있는, 4개의 섬으로 이루어진 군도이다.

2021년부터 에콰도르 갈라파고스의 태양광발전에 관련된 연수를 담당하게 되었다. 갈라파고스 군도에서 태양광발전을 담당하는 공무원들을 대상으로 시행하는 연수 과정이다.

갈라파고스에는 약 3만 명의 주민이 살고 있는데, 10배에 달하는 약 30만 명의 관광객들이 매년 찾아오는 곳이다. 현지 주민들뿐만 아니라, 관광객들을 위한 숙박업소 등 많은 전기를 사용하는데, 석유를 이용해서 전기를 생산하였다.

그러다가, 2001년 기름을 싣고 가던 유조선이 갈라파고스에서 침몰하면서, 85만 리터의 기름이 유출되었다. 이 때문에 갈라파고스 해양생태계에 엄청난 피해를 보게 되었다. 이를 계기로 에콰도르 정부에서는 석유 발전을 줄이고, 태양광 등 신재생에너지로 전환하기로 하였다.

2023년 갈라파고스에서 비행기 4번, 비행시간만 이틀(48시간)에 걸쳐 한국에 온 연수생들은 모두 밝은 모습으로 열심히 한국의 태양광발전 기술을 배우기 위해 노력하였다. 이렇게 목적이 분명한 연수 과정은 내용 구성도 수월할 뿐만 아니라, 연수생들이 배우고자 하는 열정이 매우 높다.

연수담당자로서 세계적으로 유명한, 유네스코 자연유산인 갈라파고스를 지키는 데 기여한다는 보람으로 열심히 하였다. 3년간의 연수 과정은 성공적으로 끝났다. 기회가 된다면, 부둣가에서 바다사자가 잠자는 아름다운 섬 갈라파고스에 한번 가보고 싶다.

9. 국제공유하천과 물 전쟁 ◎ 공통

– 물 전쟁에서 서로 살아남기

인더스강을 상·하류로 공유하고 있는 파키스탄과 인도의 분쟁사 례에서 보는 것처럼, 물 분쟁은 언제든지 전쟁으로 비화할 수 있다. 이와 같이, 여러 나라가 공유하는 하천(강)을 "국제 공유하천(Transboundry river)"이라고 부르는데, UN 자료에 의하면, 전 세계적으로 145개국에 276개의 하천(강)이 존재한다고 한다.

말 그대로, "공유"해야 하지만, 공유하지 않고, 지정학적으로 상류 유역에 있는 국가가 우월적 위치를 이용하는 경우가 많다. 하류에 있는 국가를 배려하지 않는 경우, 언제든지 갈등의 불씨가 될 수 있다.

아이러니하게도, 상·하류 간의 지정학적 갑과 을의 관계가 바뀌기도 한다. 인더스강 상류는 인도, 하류는 파키스탄이 자리하고 있어, 인더스강 분쟁 시 인도는 물길을 차단하는 등 우월적 위치에 있다. 그러나, 티베트지역을 흐르는 "알롱창포"강 상류는 중국, 하류는 인도가 자리하고 있다. 2024년 중국에서 세계 최대의 수력댐을 건설하겠다는 계획을 발표함으로써, 인도가 강하게 반발하고 있다. 여기에서는 반대로 인도가 불리한 위치가 된 것이다.

2019년 기준으로, 전 세계 쌀수출의 30%를 태국과 베트남이 차지하고 있다. 태국과 베트남을 포함하여 캄보디아, 라오스까지 동남아시아의 쌀 곡창 지대를 가로지르며, 농업용수를 공급하는 강이 "메콩"이다. 중국, 미얀마까지 포함하면, 총 6개 국가가 공유하고 있다.

여기에서도 중국은 상류에 위치하여 수력발전을 위한 대규모 댐을 건설하였고, 중간에 자리한 라오스도 수력 발전용 댐을 건설하여 이웃 국가에 전기를 수출하고 있다. 하류에 자리한, 캄보디아는 메콩강을 따라 베트남을 통해서 항만 수송을 하던 방식을 바꿔서, 메콩강에서 바로 타이만으로 연결되는 운하 건설을 시작하였다. 이렇게 되면, 베트남이 위치한 메콩강 삼각주에 물 공급이 줄어들게 된다.

이처럼 서로의 이해관계가 얽히고 얽혀, 자국의 이익을 극대화하기 위한 방향으로 가고 있다. 여기에서 중국은 지정학적 위치뿐만 아니라, ODA 자금 등으로 경제적인 우위를 점하고 있다.

이것이 어쩌면, 베스트셀러가 된 "지리의 힘"(저자 팀 마샬)이 아닌가 싶다. 지정학적인 위치로 인해 태생적으로 가지고 있는 국가들의 유불리 함이 존재하고, 이러한 바탕 아래 정치, 경제, 사회, 역사, 문화가 만들어졌고, 때론 협력하고 때론 갈등이 이어져 온 것이다.

자연이 우리에게 준 선물인 하천이 같이 공유되고, 공동의 이익을 위해 잘 활용되기를 바란다.

10. 한국 쌀이 세계로 ⊙ 공통

– 한국의 밥심, 쌀 이야기

대한민국 국민은 밥심으로 산다고 한다. 최근에는 식단이 서구화되고, 다이어트 열풍으로 인하여 쌀 소비가 줄었지만, 그래도 한국 사람은 쌀밥을 먹어야 힘이 난다.

한국 사람은 언제부터 쌀을 먹기 시작했을까? 청주에서 만 오천 년 전의 것으로 추정되는 볍씨가 발견되었고, 세계에서 가장 오래된 볍씨로 인정을 받았다고 한다.

한국 농업의 발전은 논에서 쌀을 재배하는 것에서부터 시작되었다고 볼 수 있다. 1960~70년대 주곡인 쌀을 자급자족하기 위해, 많은 농업 개발사업이 시작되었고, 1980년대를 넘어서면서 식량 자급을 달성하였다.

많은 개도국에서 한국의 농업 발전에 대하여 배우기를 희망하는데, 이때 논 농업을 빼고 말할 수 없다. 우리와 기후대가 비슷한 동남아시아에서는 주식이 쌀이고, 논 농업의 비중이 높기 때문이다.

쌀은 생산량 기준으로 옥수수, 밀과 함께 세계 3대 식량 중 하나이다. 사람의 연간 칼로리 섭취량을 기준으로 할 때, 쌀은 1ha에 20.4명, 밀은 16.4명, 옥수수는 13.0명의 인구를 부양할 수 있다. (농촌진흥청 2008). 쌀을 주식으로 하는 아시아 국가에 많은 인구가 살고, 인구밀도가 높은 것도, 이처럼 쌀의 인구부양력이 크기 때문이다.

그러나, 우리의 쌀과 동남아시아의 쌀은 다르다. 우리의 쌀은 찰기가 있는 자포니카(단립종, 쌀알의 길이가 짧음) 계열이다. 동남아시아에서 생산하는 쌀은 찰기가 없는, 바람 불면 날아간다는 인디카(장립종, 쌀알의 길이가 길다)이다.

연세가 드신 어른들은, 옛날에 안남미(발음대로 하면 알랑미)라고 하였다. 베트남 중부지역을 "안남"이라고 부르는데, 여기에서 생산되는 쌀이라는 데서 이름이 유래하였다.

2023년 탄자니아 잔지바르에서 연수생들이 왔는데, 잔지바르에서 쌀밥은 매우 고급 음식이라고 한다. 쌀 생산을 늘리기 위해 농지를 개발하고 벼 재배를 위한 용수개발을 계획하고 있다. 한국과 자연조건이 다른, 아프리카에 적합한 쌀 품종을 개발하고 있다.

2019년 지방에서 근무할 때, 해외로 우리 쌀을 수출하는 농업회사가 있었다. 주로 아랍에미리트, 카타르 등 중동 국가로 수출하였는데, 일식 식당에서 구매한다고 한다. 중동에서 인기가 있는 일식 초밥에는 찰기가 있는 자포니카 쌀이 필요하기 때문이다.

한국에서 연간 인당 쌀소비량이 130kg이 넘었던 적이 있지만, 지금은 겨우 60kg에 지나지 않는다. 그러나, 지금은 한국 쌀이 수출되고 있고, 개도국 심지어 아프리카까지 한국의 쌀 농업기술, 관개 기술에 대한 수요가 커지고 있다. 한국의 쌀 농업이 전 세계로 뻗어가고 있다.

(사람)

8장

다양한 세상 사람 이야기

1. 차 한잔 주세요 ◎ 인도네시아

　- 연수로 맺어진 격의 없는 인간관계

　국제 개발 협력 업무를 하다 보면 개도국의 공무원을 많이 만나게 된다. 국제행사에서 만나기도 하고, 업무협의를 위해 만나기도 하고, ODA 연수를 하면서 연수생으로 만나기도 한다. 특히, 연수 과정에서 연수생으로 참석하는 고위직 공무원들과 만날 기회가 많이 있는데, 1주일 내외의 짧은 만남이지만 다른 연수생보다 강렬한 인상이 남는다.

　직장에서 업무적으로 중앙부처 공무원들과 일할 때가 있는데, 대부분 과장급 이하 공무원들과 일을 하게 된다. 국장급 이상 공무원을 만나거나 업무 협의할 일이 거의 없다. 그런데 연수를 하다 보면 개도국의 장·차관, 청장급 고위직을 종종 만나게 된다.

　처음에 고위급 연수를 한다고 했을 때, 많이 걱정되고 긴장이 되었다. 준비하는 과정에서 의전 등 특별히 신경을 써야 하는 것들도 많이 있지만, 실제 이분들을 만났을 때 어떻게 대해야 하나 염려가 되었다.

　ODA 연수를 하면서, 2017년 인도네시아 연수 과정에서 처음으로 고위급 연수를 담당하게 되었다. 여러 중앙 부처에서 5명의 차관급 인사가 참여한다는 것이다. 한 명도 부담스러운데, 5명이라고 하니 걱정이 더 커졌다.

그러나, 막상 연수단을 만나고 보니 그런 것은 기우였다. 현지 국가에서는 고위직이지만, 이곳은 그분들에게도 낯선 대한민국 아닌가. 고위급이라는 권위적인 모습은 찾기 힘들었다. 1주일이라는 짧은 기간이었지만, 너무나도 편안하게 일정을 마칠 수 있었다. 그분들도 나를 비롯하여 연수를 담당했던 직원들에게 친절하였고 격의 없이 잘 대해 주었다.

2017년 12월, 인도네시아 현지에서 연수 과정의 성과를 나누는 워크숍이 개최되었고, 연수 담당자로서 참석하게 되었다. 워크숍 일정 중, 앞선 고위급 연수 과정에 참석했던 중앙 부처 차관급 인사를 만나기로 하였다. 우리가 자카르타에 왔다고 하니, 차 한잔 마시러 자신의 사무실에 들르라고 하였다. 짧은 시간이었지만 사무실에 들러 차를 마시고 담소를 나누고 헤어졌다. 인도네시아 현지에서 해외사업에 참여하고 있는 퇴직 선배님 말씀이, 이렇게 차관 사무실에 찾아가서 차를 마시는 것이 흔치 않은 일이라고 하였다.

해외 용역사업은 현지 정부 부처와 계약을 맺고 갑과 을의 관계에서 일을 하는 것이므로, 현지 정부의 실무자들을 주로 만나서 일을 한다고 한다. 국장급 이상의 고위공무원을 만날 일도 없고, 국장급 공무원들은 너무 바빠서 만날 시간도 없다고 한다. 이렇게 차관급 인사를 만나기는 매우 어려운 일이라고 한다. 그만큼 연수 과정을 통해 서로 격의 없는 신뢰와 친분을 쌓았기 때문이다.

실제 고위급 연수를 여러 차례 했지만, 연수 담당자와의 관계가 갑과 을의 관계가 아니라, 성공적인 연수 과정을 돕는 담당자로서 인정 받아 왔던 것 같다. 2023년 11월에 한국에서 에티오피아 농지관개부 장관, 차관 일행이 참석한 연수를 진행했었다. 40대의 젊은, 정치인 출신의 여성 장관이었는데, 연수 기간 우리 직원과 언니 동생처럼 매우 친근하게 지냈다.

그런 덕분에 지금까지도 고위급을 포함한 많은 연수 과정의 참석자 분들과 꾸준히 연락하고 있다. 새해, 크리스마스 등 특별한 날 소식을 전하고 안부를 묻고 있다. 답신을 주는 분들도 있고, 그렇지 않은 분들도 있다. 그러나, 연수 과정을 통해 만났던 짧은 인연이더라도 계속 이어가고 싶은 나의 순수한 마음을 이해하리라 믿는다.

실제로, 한국에 회의나, 다른 기관의 연수 과정에 참석하기 위해 다시 오는 연수생분들이 연락을 주기도 한다. 연락이 오면 무슨 일이 있더라도, 그분들을 만나기 위해 달려간다. 심지어, 다른 기관의 연수 과정에 강의하러 갔다가 우연히 다시 만나는 일도 있다. 언제든지 어디선가, 전혀 예상치 못한 상황에서도 다시 만날 수도 있다.

2. 연길 학생의 북경 나들이　　　

– 나도 서울 갈 때 설렜다

1997년 첫 해외 여행지였던 중국 연길에서 북경으로 기차를 타고 이동하였다. 3층 침대칸이었는데, 말이 침대칸이지 그냥 누울 수만 있는 정도였다. 연길에서 북경까지 쉬지 않고 28시간을 달리는 동안, 기차 내에서 특별히 할 수 있는 게 없어서 대부분 시간을 누워 있었다.

기차 안에서 우연히 연길에서 북경으로 가는 중학생들을 만날 수 있었다. 연길중학교 학생들이었는데, 북경으로 수학여행을 떠나는 것이었다. 북경을 처음 가는 것이고 너무 설레어서 집에서 한숨도 못 자고 나왔다고 한다.

초등학교 때 소풍 가기 전날이면 친구들이 운동장에 해님을 크게 그리고 다음 날 비가 오지 않기를 간절히 바랐던 적이 있다. 짓궂은 아이들은 비가 오라고 우산을 그린 적도 있다. 아버지랑 서울 나들이를 갈 때도 설레는 마음이었다.

연길에서 사는 중학생들도 나와 같은 마음이었던 것이다. 대한민국보다 땅도 크고 인구도 많은 중국에서 북경에 간다는 것이 연길 중학생들에게는 일생일대의 큰 사건이었을 것이다.

2016년 캄보디아 프놈펜에서 현지 연수를 진행하였다. 행사 장소는 역사가 오래된 프놈펜 호텔이었다. 지방에서 온 참석자들은 연수 기간 프놈펜 호텔에서 숙박하면서 연수에 참석하도록 하였다. 호텔 규모와 시설 면에서 뛰어난 곳은 아니었다.

그러나, 지방에서 온 참석자들은 프놈펜 호텔에서 숙박하는 것에 대하여 매우 영광스럽게 생각하였다. 지방에서 수도인 프놈펜을 방문할 일도 많지 않을 뿐만 아니라, 프놈펜의 대표적인 프놈펜 호텔에서 숙박할 기회도 많지 않은 것이다.

어느 나라이든 그 국가의 중심은 수도이다. 모든 경제, 행정, 사회 등 가장 발전된 곳이기 때문이다. 교통 인프라가 좋은 한국은 가장 먼 부산, 목포에서도 KTX를 타고 3~4시간이면 서울에 갈 수 있지만, 개도국의 경우 교통 인프라가 취약하므로 수도를 한번 방문하는 것이 시간이 오래 걸리고, 교통비가 많이 들게 마련이다.

그 나라의 수도에 간다는 것은 내가 어렸을 적 서울에 갔을 때처럼 설렘이 있는 것이다.

3. 애들아, 미안해   ⊙ **파나마**

－2023년 잼버리에 참석한 파나마 학생

　외국인 연수생을 데리고 현장 견학지로 새만금을 자주 간다. 새만금 홍보관에서 새만금 사업의 역사와 현재, 미래에 대하여 설명을 듣는다. 대부분 개도국에서 온 공무원들은 새만금 사업의 규모와 기술력에 대하여 놀라워한다.

　언제부터인가 새만금 홍보관에 가면 세계 스카우트 잼버리 대회가 개최된다는 내용을 보게 되었다. 홍보관 앞에서부터 오른쪽까지 펼쳐진 넓은 땅에서 개최가 되는 것이다. 그러나, 나는 당시에 큰 관심을 가지지 않았다.

　2023년 8월 에티오피아 현지 연수를 마치고 돌아오는 경유지 공항에서 여러 나라의 잼버리 대원들이 한국행 비행기를 타기 위해 대기하고 있었다. 들뜬 마음으로 한국에 오고 있는 청소년들이 기특하게 보였고 좋은 추억을 갖고 가기를 바라는 마음이었다.

인천공항에 도착하여 비행기에서 내리려고 할 때, 스카우트 대원에게 말을 걸었다. 어느 나라에서 왔는지 물었더니 영국이라고 한다. 새만금지역이 꽤 더울 것이라고 걱정의 말을 해줬더니, 본인들은 스카우트 대원이라서 괜찮다고 당차게 이야기하였다.

얼마 지나지 않아, 방송을 통해서 새만금 잼버리가 시작되었다는 뉴스가 나왔는데, 좋은 뉴스가 아니었다. 아니나 다를까 폭염으로 인하여 대원들이 많이 힘들어하였다. 더위를 식힐 곳도, 물도 부족하고, 최근 내린 비로 인하여 야영하는 곳에 물웅덩이가 생겨 텐트를 치기도 힘들고, 물웅덩이에서 모기 등 해충이 생겨서 청소년들이 많이 힘들어한다는 것이다.

연일 뉴스에서는 잼버리 대회의 준비 부족, 장소 선정의 문제점 등 국가적 행사를 이렇게 준비 없이 할 수 있는지 비판이 쇄도하였다. 그동안 한국은 올림픽, 월드컵 등 국제적 행사를 잘 치러왔고 많은 칭송과 함께 한국을 알리는 좋은 기회로 삼았다. 그러나 이번에는 그러지 못하였다. 누구의 잘못을 따지기 전에, 관심과 준비가 매우 부족했다는 생각뿐이었다.

순간, 비행기 안에서 만났던 영국 대원들 생각이 났다. 얼마나 고생하고 있을까? 일부 국가는 조기에 철수를 발표하였고, 태풍이 올라온다는 소식까지 겹쳐서 결국 대회는 단축 운영이 되었다. 대원들을 수도권으로 옮겨서 남은 시간을 보내도록 하였다. 폐회식은 서울에서 개최하는 것으로 변경되었다.

수도권에 있는 여러 기관에 대원들이 배치되었는데, 우리 회사에는 파나마에서 온 대원들이 배치되었다. 그동안 외국인 연수를 담당했던 경험이 있는 나와 직원들이 자원하여 첫날 아이들을 맞이하는 역할을 하기로 하였다. 대원들과 같이 숙박하면서 안내도 해줘야 했기 때문이다.

늦은 밤 새만금 현장에서 철수하여 50명이 넘은 파나마 대원들이 도착하였다. 어른 인솔자와 청소년들이었다. 다들 지쳐서 들어오는 모습, 허기져 하는 아이들의 모습을 볼 때 개최국 국민으로서 너무 미안하였다. 더구나 본인들이 자비로 참가한 행사인데 말이다.

아이들을 위해 피자와 콜라를 시켜주었는데, 맛있게 먹는 모습, 밝고 행복해하는 모습을 잊을 수가 없다. 4일 동일 우리 회사에 머물면서 지자체의 지원을 받아 다양한 문화 체험도 하고, 그동안 안 좋았던 기억을 날려버리고 좋은 추억을 만들었다.

마지막 날 숙소를 떠나서, 서울 홍대에 있는 게스트하우스로 옮겼는데 돌아가는 날까지 챙겨주고 싶었다. 그래서 나와 직원이 서울 일정과 마지막 날 공항까지 같이 안내를 해주었다.

일부 대원들은 우리가 다시 공항에 나타나니 감격해하면서 눈물을 흘리기까지 하였다. 참 정이 많은 아이들이었다. 외국인 연수업무를 했던 경험을 살려서, 잼버리 대원들에게 한국에서의 좋은 추억을 만드는 데 기여했다는 것에 큰 보람을 느꼈다.

4. 남한에서 왔어요

‑ 해외에서 만난 북한 사람?

2015년 스리랑카 콜롬보에서 오후 늦은 시간 카페에 들러서 차를 마쳤다. 해 질 무렵 멀리 해변에 있는 공원에 많은 사람이 나와서 휴식을 즐기고 있었다.

우리 카페에 손님이 많지 않았는데, 멀리 있는 테이블에 어머니와 딸 사이처럼 보이는 모녀가 같이 앉아 있었다. 멀리서 들려오는 대화 소리에서 너무 반가운 한국말이 들렸다. 외모를 봐도 한국 사람이라는 느낌이 들었다.

베트남, 태국처럼 한국인들에게 인기가 있는 관광지에서는 많은 한국 사람을 만나게 된다. 그런 곳에서는 한국인이라고 다가가서 말을 건네지 않는다. 오히려 한국 사람들이 없는 조용한 여행지를 찾는 사람들도 있다. 그러나, 스리랑카처럼 한국인들이 거의 찾아오지 않는 곳에서 한국인을 만난다는 것은 너무 반갑고 신기한 일이다.

조심스럽게 다가가서 "어디에서 오셨어요"라고 말을 건넸다. 이런 질문을 하게 되면 보통은 "서울, 부산, 대전" 등 어느 지역에서 왔는지를 대답하게 된다. 그런데 그분들의 대답이 너무 의외였다 "남한에서 왔어요"라고 하는 것이 아닌가? 더 이상 이야기를 나누지는 못했다. 당황스러운 대답에 왜 그렇게 말했을까? 우리끼리 추측을 해보았다.

우리 일행들의 행색이 혹시 "북한 사람"처럼 보였던 것이 아닐지 생각했다. 북한 사람이 나에게 다가와 어디에서 왔냐고 하면 "남한에서 왔다"라고 대답할 법했기 때문이다. 그분들이 그렇게 느낀 것이라면, 남한에서 온 그분들에게는 우리가 경계의 대상이 되었을 것이다.

나중에 한국에 돌아와 다른 분들과 이 이야기를 했더니, 반대로 그분들이 "북한 사람"일 수도 있지 않겠느냐는 것이다. 자신들이 "북한 사람"이라는 의심을 받지 않기 위해 무의식적으로 "남한에서 왔다"라는 말을 했을 거라는 것이다. 일반적인 한국 사람이라면 "남한"이라는 표현을 잘 쓰지 않기 때문이다.

아직도 그분들이 북한 사람인지 알 수가 없고, 왜 그런 말을 했는지 알 수는 없지만, 먼 이국땅에서 한국 사람을 만나고 반가워서 친근감을 표시하려고 했던, 우리는 "남한 사람"이라는 것은 분명한 사실이다.

해외사업을 하는 지인이 탄자니아에서 근무할 때, 몸이 아파서 병원을 찾아갔는데, 의사가 북한에서 온 할머니였다고 한다. 사람의 병 앞에 남한, 북한이 무슨 의미가 있겠는가? 북한에서 온 할머니 의사에게

치료를 잘 받았다고 한다.

어떻게 북한 의사가 탄자니아에 있을까 궁금해서 자료를 찾아보니, 북한에서 외화벌이의 목적으로 1991년 탄자니아에 북한병원이 만들어졌고, 2016년에는 총 13개의 병원이 운영되었다고 한다.

2018년 가족들과 함께 중국 북경에 패키지여행을 갔다. 여행 기간에 몇 가지 선택 관광이 있었는데, 그중 하나가 북한 식당에서 저녁을 먹는 것이었다. 나는 가족들에게 북한 식당을 한번 경험하게 해주고 싶어서 가자고 하였다. 가족들이 북한 식당에서 음식을 맛있게 먹었고, 아이들은 북한 종업원들과 같이 기념사진을 찍었다. 북한 종업원들이 손님들과 사진을 찍는 일은 거의 없는데, 어린아이들이 같이 찍고 싶다고 하니, 흔쾌히 허락을 해주었다.

외국을 통해서가 아니라, 북한에 관광도 가고, 직접적인 문화적 교류가 언제 재개될 수 있을지 모르겠다.

5. 협상의 달인 꼬마 숙녀   ⊙ 캄보디아

– 야시장에서 만난 협상의 달인

돈을 주어야 할까?

개도국을 다니다 보면 구걸하는 아이들이 많이 보인다. 혼자 다니는 아이들도 있고, 부모와 같이 다니는 아이들도 있다. 구걸하는 아이에게 돈을 줘야 할까? 항상 고민이다.

현지인들은 돈을 주면 안 된다고 한다. 한번 주면 주변에 다른 아이들까지 몰려든다고 하고, 어떤 부모들은 아이들을 이용해서 돈을 벌기 위해 학교에 보내지 않고 계속 구걸을 시킨다고 한다. 부모 없는 아이들을 이용해서 돈벌이시키는 어른들도 있다는 것이다. 심지어 아이들을 불쌍하게 보이기 위해 아이들의 신체를 훼손해서 장애로 만들기도 한다는 것이다. 아이들을 돈벌이로 이용하려는 어른들의 모습이 끔찍하다.

그럼에도 불구하고, 아이들의 간절한 눈빛과 마주치는 순간 도저히 안 줄 수 없다. 비록 아이들이 나쁜 어른에게 이용당한 것이라 하더라도, 나의 1달러가 오늘 하루 어른들에게 혼나지 않을 수 있다면 그것으로도 의미가 있지 않을까 싶어서이다.

캄보디아 프놈펜에서 엄마와 함께 있던 아이에게 돈을 주면서, 보았던 그 아이의 눈빛을 잊을 수 없어서 같이 사진을 찍었다. 나중에 생각해 보니 돈을 주는 대가로 사진을 찍은 것 같아 마음이 편하지 않았다. 알량한 몇 푼으로 그 아이의 처절한 삶을 나의 한 컷 사진 속 배경 화면으로 쓴 것은 아닌지, 그런 미안한 마음이었다.

그러나 간혹 관광지, 길거리 카페 등을 찾아다니면서 물건을 파는 아이들이 있다. 물론 품질을 보장하거나, 가격의 적절성을 알 수는 없지만, 그나마 그냥 구걸해서 돈을 주는 것보다는 나은 것 같다. 그래서 아이들이 파는 물건은 대부분 사주려고 한다.

협상의 달인

캄보디아 프놈펜에서 야외에 있는 식당을 찾았다. 어느 초등학생 여자아이가 열쇠고리를 팔기 위해 우리에게 다가왔다. 열쇠고리 세트가 20달러인데, 깎아서 10달러에 팔겠다는 것이다. 우리는 8달러에 사겠다고 했는데, 여학생은 10달러가 아니면 팔지 않겠다는 단호한 태도였다.

협상이 결렬되어, 여학생이 가위바위보 게임으로 결정하자고 했고, 우리가 게임에서 지는 바람에 10달러에 구입하였다. 아이는 능숙한 영어로 우리와 협상하였다. 장래 꿈을 물어보니, 의사가 되고 싶다고 하였다. 진심으로 그의 꿈을 응원하고 싶었다.

나중에 야시장을 둘러보니, 여자아이가 우리에게 10달러에 팔았던 열쇠고리를 4달러에 팔고 있었다. 그 아이는 여기에서 4달러에 사서 우리에게 10달러에 팔았던 것이다. 보통 아이 같았으면 우리가 8달러를 제안했어도, 이미 남는 장사이므로 바로 수긍했을 법한데, 그 아이는 협상 결렬의 위험을 무릅쓰고, 10달러를 고수한 것이다. 아주 대범한, 협상과 판매의 달인이었다.

지금도 그 똘망똘망한 여자아이를 잊을 수가 없다. 그 이후 어떻게 지내고 있는지? 궁금하다. 비록 지금 어느 곳에서 어떤 모습으로 있는지 알 수 없지만, 그의 꿈을 응원한다.

6. 울지 마요, 잘 가요　　　　　　　⊙ 인도네시아, 미얀마

– 평생 잊지 못할, 인생의 마지막 한국 여행

#　울지 말아요. Thomson

2023년 11월 인도네시아 연수 기간에 사진과 동영상 찍기를 좋아하는 연수생 톰슨이 있었다. 간혹 연수단을 대표하여, 연수 내용을 사진과 동영상으로 기록하는 분들이 있다. 그러나, 톰슨은 놀러 온 것이 아닌가 싶은 생각이 들 정도였다. 사진과 동영상 촬영에 신경을 쓰다 보니 연수 담당자의 안내를 놓치는 경우가 있었다.

연수가 끝나는 수료식에 한 사람씩 소감을 발표하는 시간이 있었다. 톰슨은 자신의 소감을 말하면서 펑펑 울기 시작하였다. 연수생이 소감을 발표하면서 그렇게 우는 모습은 처음 보았다. 자신은 자카르타에서도 비행기를 2번 타고 들어가야 하는 시골에서 근무하고 있다고 한다. 자기 고향에 비해 한국이 너무 잘 사는 것이 부러웠고, 질투심이 났다고 한다.

그래서 한국에서 보고 느끼는 순간이 너무 소중해서 매일 새벽 5시에 일어나서 숙소 주변을 둘러보았다고 한다. 그리고 고향에 돌아가서 보여주기 위해 사진과 영상으로 모든 것을 기록하였다고 한다.

그제야 톰슨이 왜 사진과 동영상을 찍는 데 집중했는지 이해가 되었다. 고향을 사랑하고 조국을 사랑하고 더 발전시키고 싶어 하는 그의 진심이 느껴졌고, 나도 마음이 숙연해졌다. 그의 깊은 속마음을 알게 된 뒤로 그에게 떠나는 날까지 더 따뜻하게 대해 주었다.

잘 가요, Henny

ODA로 시행되는 해외사업에는 해당 공무원을 대상으로 하는 역량 강화 프로그램이 포함된 경우가 많다. 한국 초청 연수를 통해 한국의 선진경험과 기술을 배우고, 해당 사업에 잘 접목해서, 사업의 성과를 높이기 위한 목적이다.

인도네시아 공무원 헤니는 우리 회사에서 수행하고 있는 사업의 담당관이다. 우리 직원의 말에 의하면, 헤니는 매우 깐깐해서 같이 일하기 힘들었다고 한다. 반대로 말하면 그만큼 책임감 있게 자신의 역할을 다하는 공무원이었다.

2024년 5월, 헤니를 포함해서 인도네시아 공무원들에 대한 한국 초청 연수를 시행하였다. 내가 만난 헤니는 전혀 깐깐하지 않았고, 연수생들과 같이 잘 어울리고, 즐겁게 연수에 참여하였다. 마지막 날 공항에서 서로의 건강과 행복을 빌어주면서 작별 인사를 하였다.

그러나 얼마 지나지 않아, 9월에 연수단 왓츠앱 방에 그녀의 부고 소식이 올라왔다. 병으로 사망했다는 것이다. 마음이 먹먹하였다. 짧은 시간이었지만, 한국에서 함께 했던 기억이 떠올랐다. 그녀의 한국 방문은 인생에서 마지막 해외여행이었던 셈이다. 그녀에게 인생에서 마지막 즐거운 추억을 남겨준 것이다.

잊지 않을게요. Tintu

아웅 틴투는 미얀마의 공무원이다. 독일에서 GIS로 석사학위를 하고 왔을 만큼 똑똑하고 유능한 사람이다. 국제회의에서 미얀마 대표단의 일원으로 참석하던 그를 자주 보게 되었다. 한국 기준으로 사무관(5급) 직위 정도였던 그에게, 독일에서 유학한 인재이기에 나중에 높은 자리로 올라갈 수 있지 않느냐고 질문했다. 그러나, 미얀마에서 기술자는 승진할 때 한계가 있다던 그의 대답이 기억에 남는다.

2015년 처음 미얀마를 방문했을 때, 그가 책임자로 있던 사업 현장을 가기도 하였다. 이런 인연으로 인해, 2017년 해외 교환 연구원 프로그램으로 우리 연구원에서 2개월간 머물게 되었다.

한국에 혼자 왔던 외로움 때문이었을까? 그는 매일 술을 먹고서야 잠을 잔다고 했다. 다들 그의 건강을 걱정하였다. 한국에 머무는 동안, 그의 아내와 어린 아들이 한국에 왔다. 그의 가족에게 저녁 식사를 대접하고, 아들에게 선물을 주기도 하였다.

그는 해외 교환 연구원 프로그램을 마치고, 미얀마로 돌아갔고, 코로나가 발생하기 전에 한 번 더 연수생 자격으로 한국에 왔었다. 그리고 그에 대한 기억은 잊혔다. 그러던 중, 코로나에 걸려 사망했다는 소식을 전해 들었다.

똑똑한 인재였지만 꿈을 이루기 이려운 현실, 어린 아들을 남기고 떠난 그를 생각하니 너무 마음이 아프다. 나와 함께 했던 시간이 그에게 좋은 추억으로 남겨졌기를 바란다. 또한 그의 아내와 자녀가 슬픔을 딛고 잘 살아가기를 바란다.

7. 평범한 공무원, 국회의원이 되다   ⊙ 일본

- 일본 농림수산성 Miyazaki 과장, 국회의원이 되다

농업용수와 관련된 국제협력업무를 하다 보니, 자연스럽게 일본 공무원들을 많이 만나게 된다. 2000년대 이후 한국과 일본은 농업용수와 관련된 협력이 많이 있었다.

태어나서 외국인들 앞에서 처음으로 영어로 발표한 것이 2010년 한일 공동심포지엄이었다. 한국과 일본의 공무원과 회사 직원들이 참석하여 각자의 정책과 기술을 발표하는 자리였다.

이후 농업용수와 관련된 여러 국제행사에서 많은 외국 공무원을 만났는데, 특히 일본 농림수산성 해외토지개량실의 미야자키 실장을 자주 만났다. 직위 명칭은 실장이지만 과장 아래의 직위로서, 한국의 중앙부처 과장과 팀장 사이의 직위이다. 2013년부터 2016년까지 거의 3년 가까이 만났다. 자주 만나다 보니, 나이는 많았지만, 친한 친구처럼 가깝게 느껴졌다.

그는 농림수산성 공무원이었지만 젊을 때부터, JICA(일본 국제협력단) 전문가로 아시아 국가에 파견을 갔었다. 해외 경험이 많이 있어서 영어도 매끄럽게 잘하고, 다른 일본 공무원들보다 사교성이 좋았다. 나뿐만 아니라, 한국 공무원, 교수님들과도 친하게 지냈다.

내가 다른 곳으로 발령이 난 2016년 9월 이후 그를 만날 기회도 없었고, 나의 기억 속에서 그의 이름은 사라졌다.

거의 7년이 지난 2023년 다시 그의 이름이 소환되었다. 예전에 알던 일본 농림수산성 직원과 우연한 기회에 연락이 닿았는데, 그에게 놀라운 소식을 들었다. 미야자키 씨가 일본 국회의원(참의원)이 되었다는 것이다.

이야기를 들어보니, 해외토지개량실장으로 있다가 설계과장으로 승진했고, 이후 정치권에 입문하였다고 한다. 국회의원(참의원 비례대표)으로 당선되어 농해수위 위원으로 활동하고 있다고 한다. 고위직도 아니었던 과장급 평범한 공무원 출신이 국회의원이 된다는 것도 신기했고, 농공(農工) 분야 기술자가 국회의원이 된다는 것도 신기했다. 한국에서는 쉽지 않은 일이다.

농촌개발 분야 공무원으로서 경험한 전문성을 바탕으로, 국회의원이 되어 법과 제도를 만들고, 사업에 필요한 예산도 만들 수 있는 권한을 갖게 된 것이다. 정치인으로서 다른 사람보다 농촌개발에 필요한 역할을 잘할 수 있을 것으로 생각한다.

당시 그에게 이메일을 보냈지만, 답신을 받지 못했다. 아마도 국회의
원으로서 아주 바쁘리라 생각되었다. 아쉽게도 2025년 7월 참의원 선
거(지역구)에서 낙선하여 2018년부터 7년 동안의 의정활동을 마감하였
다. 다음에 일본에 가게 된다면, 꼭 한번 만나서 국회의원으로서 살았
던 삶에 관한 이야기를 듣고 싶다.

8. 다시 만나서 반가워요　　　　⊚ 인도네시아, 태국, 일본

– 한국에서, 해외에서 다시 만난 외국인

한국에서 인연이라는 말을 많이 사용한다. 인연의 고리가 길어, 한번 만났던 사람은 언젠가 다시 만난다고 한다. 그러나, 한번 만난 외국인과 꾸준히 연락하며 지내는 것도, 또다시 만나는 건 쉽지 않은 일이다. 그래서 다시 만났던 외국인에 대한 기억은 특별하다.

인도네시아 Yufi

2015년 인도네시아 중앙 부처 고위직의 딸이었던 유피는 우리 회사에 2개월 인턴 과정을 왔다. 1개월은 본사에서 1개월은 우리 연구원에서 지냈는데, 그때 나는 국제협력 담당자로서 유피를 도와주었다. 가끔 출퇴근을 시켜주기도 했고, 주말에 아이들과 함께 미술관을 방문하기도 했다. 1개월을 마치고 유피는 인도네시아로 돌아갔다.

2016년 1월 싱가포르, 인도네시아(빈탄) 가족여행을 가게 되었다. 혹

시나 하는 마음에 유피에게 연락했는데, 본인이 싱가포르에 있는 언니를 만나러 갈 겸 싱가포르에서 만나자고 하였다. 싱가포르까지 우리를 만나기 위해(언니를 만나는 목적도 있지만) 와준다는 것만으로도 너무 감사하였다. 싱가포르의 어느 전철역 근처에서 우리 가족과 만났다.

그리고 2023년 5월, 인도네시아 유피로부터 연락이 왔다. 엄마와 함께 한국에 관광을 올 건데, 볼 수 있겠냐는 것이다. 잊지 않고 오랜만에 연락을 준 것이 정말 고마웠다. 명동 근처에서 어머니와 함께 만나서 저녁 식사를 했다.

지금은 인도네시아 자카르타에 있는 유명한 회계법인에 근무하고 있다. 언젠가는 다시 만날 수도 있을 것 같다.

태국 Min

민(Min)도 유피와 마찬가지로 시기는 달랐지만, 해외 방문연구원으로 우리 연구원에서 2개월가량 있었다. 한국에서 또는 해외에서 개최된 여러 국제행사에서 태국 대표단의 일행으로 자주 만나게 되었다. 2015년 1월 큰딸과 함께 태국 여행을 갔을 때도 방콕에서 잠깐 우리 일행들과 시간을 보내었다.

2020년 겨울, 민(Min)이 친구와 같이 한국의 겨울을 즐기기 위해 온다는 것이다. 주말을 이용해서 파주의 어느 마을에서 운영하는 작은 눈썰매장을 갔다. 눈이 없는 태국에서 온 두 사람은 신나게 눈썰매를 즐겼다. 이후 다시 만날 일이 있을까 싶었다.

2025년 라오스에 있는 메콩강 위원회(MRC) 본부에서 파견 근무를 하고 있다는 소식을 들었다. 8월에 태국에서 개최되는 학술대회에 참석했는데, 마침, 민(Min)이 방콕에 출장을 와서 만나게 되었다. 유사한 분야의 일을 하다 보니 또 만나는 기회가 생긴다.

일본 Kumiko

10여 년 전에 초등학생이던 큰딸과 수원 화성을 구경하기 위해 방문했다. 매표소에서 60대 정도로 보이는 나이가 있으신 일본 여성분을 만났는데, 길을 찾고 있길래 안내를 해주었다. 수원 화성을 보러 왔다고 하시기에 같이 둘러보았다. 한국 드라마에 관심이 많아서 한국에 자주 방문하는 분이었다.

몇 달 뒤에 구미코 씨가 한국에 또 온다고 연락이 왔다. 자신이 식사를 대접하고 싶다고 해서, 서울 덕수궁 근처의 삼계탕집에서 큰딸과 같이 다시 만났다. 수원 화성에서 잠깐 만났던 인연이었는데, 그것을 기억하고 연락을 해주니 너무 감사하였다.

그 이후로 연락이 닿지 않는다. 지금은 건강히 잘 지내고 계시는지? 궁금하다. 한국에서든 일본에서든 다시 한번 만나면 좋겠다.

(언어)

9장

언어는 소통의
수단이다

1. 알파벳을 모르는 원어민

– 영어는 잘하는데, 글을 못 읽는 택시 기사

2023년 KBS 드라마 중에서 나이 많으신 할머니가 한글을 모르는 문맹인 사실을 숨겨오다가 가족들이 알게 되었다는 내용의 드라마가(제목 : 진짜가 나타났다) 있었다. 대한민국은 광복 후 문맹률이 78%가 넘었지만, 지금은 1% 미만이라고 한다. 최근에는 문해율(문장을 이해하는 능력)이 문제로 대두되고 있다.

2014년 인도 하이데라바드를 방문했을 때, 릭샤(일명 툭툭이)라는 오토바이 택시를 타고 어느 장소를 찾아가고 있었다. 릭샤를 탈 때 목적지 이름을 이야기했고, 운전사는 알겠다고 대답하여 탑승하였다.

한참을 가서 근처에 왔을 거로 생각했지만, 위치를 정확하게 찾지를 못하고 헤매는 것 같았다. 같이 갔던 일행이 영어로 표시된 지명을 보여주면서 이곳을 가야 한다고 알려주었다. 그러자, 바로 운전사는 종이를 가지고 근처에 있던 다른 운전사들에게 가서 물어보았다. 나중에 알고 보니 우리 운전사는 영어를 읽을 줄 모르는 문맹이었다. 우리가 보여준 영어로 된 지명을 읽을 수가 없어서 다른 운전사들에게 도움을 요청했던 것이다.

인도는 영어를 공용으로 사용하는 국가로서 국민 대부분은 영어로 대화할 수 있다. 인도를 방문했을 때 영어로 대화하는 데 전혀 문제가 없었다. 그러나, 말하는 것과 영어 글자를 읽을 수 있는 것과 달랐다.

인도 여수에 참석하면서, 인도 사람들이 유창하게 영어를 하고, 도서관에 영어로 된 자료가 많은 것을 보면서 너무 부러운 마음이었다. 또한, 중동과 다른 아시아 국가에서 일하고 있는 인도분들을 보면서, 영어를 잘하므로, 세계 어느 곳에서든지 쉽게 일자리를 찾을 수 있다는 것이 부러웠다. 그러나, 막상 일반 국민 중에는 영어로 말을 할 수 있지만, 글자를 읽을 수 없는 영어 문맹이 있다는 사실이 매우 흥미로웠다.

2024년 기준 인도의 문맹률은 20%라고 한다. 국민 5명 중 1명이 문맹인 것이다. 그래서, 선거할 때 투표지에 정당 이름과 그림이 같이 그려져 있다. 예를 들면 연꽃, 손바닥, 코끼리 등 정당을 상징하는 동물, 식물, 사물을 그림으로 넣어서, 글을 모르는 사람도 투표할 수 있도록 한 것이다.

2. 씨올 vs 서울

– 누가 옳은가? 현지인이 정답이다

2014년 참석했던 인도 연수기관의 교수님이, 한국에서 온 나를 보고 매우 반갑게 맞이해 주었다. 자신도 한국에 갔었고, 한국의 여러 교수님을 안다고 했다. 나도 반가운 마음으로 어디를 갔었는지 물었다. "씨올"이라고 하였다. 처음에 알아듣지 못해서 다시 물었더니 "씨올"이라는 같은 대답이 돌아왔다.

곰곰이 생각해 보니 "서울"을 "씨올"이라고 발음을 잘못하고 있는 것을 깨달았다. 내가 다시 "서울"을 갔다 온 것 같다고 하면서, 정확한 한국인의 발음으로 "서울"이 아니냐고 되물었다. 그랬더니, 그 교수님은 매우 자신감 있게 "서울"이 아니고(No 서울) "씨올"이라고 하면서, 내가 잘못 말하고 있다는 표정이었다. 속으로, 한국 사람인 내가 "서울"이라고 하면, "서울"이 맞는 건데, 내가 틀렸다고 말하는 상황이 너무 아이러니하고 재미있었다.

해외 관련 업무를 하거나, 해외여행을 하다 보면 우리는 많은 해외와 관련된 정보를 접하게 된다. 언어, 음식, 문화, 정치, 역사 등 인터넷, 책을 통해서 접하기도 하고 나의 경험을 통해서 알게 되기도 한다.

그러나, 그 나라 현지인만큼 정확하게 알지는 못한다. 때론 우리가 잘못된 정보를 알고, 그것을 맞는 것으로 착각할 수도 있다. 그 나라를 단편적으로 볼 수도 있고, 짧은 시간 경험(여행 등)한 것으로 그 나라를 다 알고 있는 것처럼 과대포장 할 수도 있다.

인도 교수님처럼, 내가 "서울"이라고 하는데, "씨올"이라고 우기는 잘못을 범하고 있는 것은 아닌지, 우려스럽다. 항상 우리는 겸손해야 한다.

3. 언어의 틈새시장

– 제3외국어로 새로운 인생을 살다

한국에서 영어는 제1외국어이다. 학교에서 배우는 제2외국어라고 하면 1980~90년대에는 일본어, 독일어, 2000년대 이후에는 중국어이다. 국제개발협력 분야에서 제2외국어는 불어, 스페인어이다.

유럽의 식민지 역사로 인해 아프리카에서는 영어, 불어 빈도가 높다. 남미에서는 스페인어이다. 일부 특수하게 포르투갈어를 사용하는 국가(브라질, 앙골라 등)도 있다. 국제개발 분야에서 종사하는 사람 중에 영어 이외에 제2외국어를 구사하는 사람들은 주목받는다. 그러나, 의외로 한국에서 각광받는 제3외국어가 있다.

베트남어

직장 동료들로부터 베트남으로 유학을 가는 학생들에 관한 이야기를 들었다. 보통, 유학을 간다고 하면 선진국으로 가는 것을 생각하는

데 의외였다. 한국에서 고등학교를 졸업하고 베트남 대학에 조건부로 합격을 해놓고, 6개월 정도 현지에서 베트남어를 배운다고 한다. 일정 점수를 취득하고 나면, 바로 베트남 대학에 진학하여 현지인들과 같이 베트남어로 수업을 듣는 것이다.

베트남 대학을 졸업하고, 현지에 진출해 있는 한국기업의 현지법인에 취업할 수 있다고 한다. 아무래도 한국기업 입장에서는 베트남어를 구사할 수 있는 한국 학생을 더 원할 것이다. 졸업 후 현지에 진출한 한국 대기업에 입사하여 일하고 있다고 한다.

한국은 베트남에 투자하는 규모가 가장 큰 국가이고(1988~2024년 누계, 870억 달러), 베트남을 방문하는 관광객 기준으로 한국은 2위(24년, 456만 명)이다. 그러니 베트남어를 통해 취업할 기회가 많이 생기는 것이다.

인도네시아어

2017년부터 인도네시아 연수를 담당하였다. 인도네시아가 인구수로 세계 1위의 이슬람 국가이고, 세계 4위의 인구 대국(2.8억 명)이라는 사실을 알았다. 동남아시아에서는 태국과 함께 인도네시아의 경제 수준은 높은 편이다. 1인당 GDP는 4천 달러이지만, 총 GDP 규모는 한국의 80% 수준이다(2023년 IMF 기준). 인구가 많으니 1인당 GDP는 낮아도, 경제 규모는 큰 편이다.

인도네시아 연수를 하면서 한국인 통역 가이드를 만났다. 대학 시절 인도네시아 대학에 교환학생으로 갔다가, 인도네시아어가 비전이 있을 것 같아서, 독학으로 인도네시아어를 공부해서 남편과 함께 여행사를 차렸다고 한다.

인도네시아가 한국에 대한 관심이 많고, 한국 관광객이 많다고 한다. 빈부격차가 있어서, 1인당 GDP는 낮지만, 상류층은 한국에 여행을 올 만큼의 경제력이 있고, 한국과 인도네시아와의 교역이 늘어나는 만큼, 인도네시아어가 유망하다고 한다. 서울역 광장에서 우연히 만난 한국외대 말레이/인도네시아어 학과(마인어과) 학생들에게 물어보니 취업 전망이 좋다고 한다.

이처럼, 제3외국어로 언어의 틈새시장을 찾아서 새로운 인생을 살고 있는 사람들이 있다.

4. 한강의 소설을 읽은 외국인 소녀　　

― 문학의 힘은 번역의 힘(노벨문학상)

　2024년 10월, 대한민국의 "한강" 작가가 우리나라 처음으로 노벨문학상을 수상하였다. 이번 뉴스가 나오기 전까지 한강이라는 작가에 대해 잘 알지 못하였다. 이번 수상을 통해 한국 문학의 우수성이 전 세계에 알려진 것은 너무나 기쁜 일이다. 최근 한국 드라마, 음악에 이어 한국 소설까지 한국 문화의 힘을 보여주었다.

　2024년 11월 알제리에서 통역 가이드로 일하던 알제리 사람인 영희(한국어 이름) 씨와 이야기를 나누던 중, 한국어를 배우기 시작했던 초기에 이미 한강의 작품을 읽었다는 것이다. 한국어로 된 소설을 직접 읽으면서 내용을 이해하기 힘들었을 텐데 대단하다는 생각이 들었다. 그리고, 한강 작가가 유명하지 않았을 때인데도 불구하고, 먼 타국의 알제리 여학생이 한강의 작품을 읽었다는 것이 놀라웠다. 한강 작가가 이 사실을 알아줘야 하는 게 아닌가 생각이 들었다.

　오래전부터 한국에서는 여러 문학 작가가 노벨문학상 수상을 기대해 왔으나 매번 고배를 마셔야 했다. 그때마다 나왔던 이야기가 바로 번역 문제였다. 아무리 한국인이 감동받았던 좋은 문학작품이더라도, 우리가 느끼는 감정 그대로 영어로 번역해서, 외국인이 그 감정을 느끼도록 하는 것은 매우 어렵기 때문이다.

이번 한강 작가의 노벨상 발표가 나오는 것을 보고, 일반 사람들은 한강 작가에만 관심이 높아졌지만, 나는 함께 작업한 뛰어난 번역가의 공이 컸을 것이라고 짐작했다. 아니나 다를까, 얼마 지나지 않아 언론을 통해 한강 작가의 작품을 번역했던 외국인 번역가의 이름이 나왔다. 번역의 힘이 크다는 것을 느낄 수 있었다.

하나의 단어에서 파생되는 표현이 다양한 한글의 마법 같은 묘미를 영어로 어떻게 표현할 수 있을까? (하늘이 푸르다, 푸르딩딩하다, 푸르스름하다, 푸릇푸릇하다, 등) 예전 어느 한국 사극 드라마의 영어 자막이 사람들에게 웃음을 준 적이 있다. "전하, 성은이 망극하옵니다"라는 문장을 "Thank you" 단 두 단어로 번역해 버린 것이다. 웃음이 나오기는 했지만, 실제 어떻게 번역해야 하나? 생각해 보면 달리 방법이 없었을 것 같다. 그만큼 번역은 힘든 작업이다.

앞으로도 좋은 번역가들이 많이 나와서, 한국의 문학작품들이 영어권뿐만 아니라, 불어, 스페인어 등 많은 언어로 번역이 되어 알려지기를 바란다.

5. 한국말 잘하는 한국인 ◎ 공통

- 나는 외국인으로 오해를 받는다

나는 얼굴형이 이국적인 편이다. 많은 외국인이 친근하게 느낄 수 있을 만큼, 국제개발 분야에 특화된 얼굴이다.

개도국 공무원 대상 연수를 담당하면서, 외국인 연수단을 인솔해서 전국을 돌아다녔다. 현장 견학지에 도착하면 인솔자로서 맨 먼저 버스에서 내려서, 우리를 안내해 주러 나온 분들에게 인사를 한다. 그러나, 나를 외국인으로 착각하실 때가 많다.

2017년 강원도 어느 농업 관련기관을 방문할 때 일이다. 버스에 내려서 "안녕하세요" 인사를 하는데, 기관 담당자분이 나에게 "한국말을 잘하시네요"라고 하는 게 아닌가. 나를 인솔자가 아닌 외국인 연수생 중 한 명으로 본 것이다. 무엇이라 대답할까, 생각하다가 "한국인인데 이 정도는 해야죠"라고 재치 있게 대답하였다.

그분도 나의 대답에 놀라서는 외국인인 줄 착각하였다고 하시면서 미안해하셨다. 나의 외모가 그런 것을 어쩌겠는가, 그분이 미안해할 일도 아니다. 아무래도 외모로 사람을 판단할 수밖에 없으니 말이다. 그 뒤로 나는 어느 견학지를 가든지, 오해하지 않도록 내리자마자 나의 신분을 먼저 밝히고 유창한 한국말로 씩씩하게 인사를 한다.

외국인을 상대로 일을 하다 보니 언어의 장벽을 느낄 때가 많다. 영어를 잘한다면 더 많이 가까워지고 더 많은 이야기를 나눌 텐데 아쉬울 때가 많다. 그럴 때면 우리나라에 살면서 한국말로 자유롭게 대화를 나누는 것이 얼마나 편하고 행복한지 모른다.

만약 내가 말이 통하지 않는 외국에서 살고 있다면, 얼마나 답답하겠는가? 시장에 나가든, 공원에 나가든 어느 곳에서든지 대화가 통하지 않을 테니 말이다. 세종대왕께서 나라 백성을 어여삐 여기셔서 한글을 창제하시고 한글을 쓰고 말하게 해주셨으니 너무 감사한 일이다.

6. 돈 쓰는 영어, 돈 버는 영어　　　

－돈 쓰는 영어는 쉽고, 돈 버는 영어는 어렵다

1989년 해외여행이 전면적으로 자율화된 이후, 일반 국민의 해외여행이 자유롭게 시작되었다. 2000년대 이후 해외여행이 많이 늘어났고, 2010년 이후에는 각종 여행 관련 예능프로그램이 나오면서 해외여행은 폭발적으로 늘어났다.

젊은 사람들은 돈을 모으면 방학이나, 휴가 기간에 해외여행을 가는 것이 유행처럼 되었고, 나이 드신 어른들은 젊어서 돈 버느라 고생한 것에 대한 보상 심리로 해외여행을 다니기 시작했다. 60세 환갑이 되면 잔치를 벌여주는 대신, 자식들이 돈을 모아 부모님 해외여행을 보내드리는 것이 필수코스가 될 정도가 되었다.

너무 쉬운, 돈 쓰는 영어

해외여행을 다녀오신 어른들 이야기를 들어보면, "영어를 몰라도 손

짓, 발짓만 해도 다 통한다"라고 쉽게 말씀하신다. 영어 단어라도 몇 마디 하실 수 있는 분들은, "영어 단어만 말해도 다 알아듣는다"라고 의기양양하게 무용담처럼 말씀하신다.

정말 그럴까? 그렇지 않다. 그건 "돈 쓰는 영어"를 했기 때문이다. 해외 여행지 식당에서 음식을 주문하고, 상점에서 물건을 살 때, 점원은 손님의 주문 내용을 알아듣기 위해 귀를 쫑긋 세우게 된다. 손님의 요구사항을 잘 알아들어야 물건을 팔고, 돈을 벌 수 있기 때문이다. 그러니 대충 말을 해도 어떻게든 알아듣게 되어 있고, 못 알아들으면 다른 식당으로 가면 된다.

너무 어려운, 돈 버는 영어

그러나, 반대로, 내가 해외에 가서 물건을 팔아야 하거나, 회의에서 나의 주장을 관철시켜야 하는 입장이라면 이야기가 달라진다. 그때는 내가 상대방(외국인)이 잘 이해할 수 있도록 영어를 정확하게 해야 한다. "돈 버는 영어"를 해야 하기 때문이다. 더욱이 이런 비즈니스의 경우 친구와 편하게 말하는 수준의 영어가 아니라, 격식이 있는 공식적인 영어를 사용하는 경우가 많다.

한국어의 특징 중의 하나는 존댓말이 있다는 것이다. 외국인들이 한국말을 배우는 데 어려워하는 것 중 하나이다. 반대로 영어에는 존댓말이 없다 보니, 어떤 분들은 예의가 없다고 생각한다. 그러나, 국제회의 등 여러 공식적인 행사에서 사용되는 영어를 보면, 다양한 수식어를 통해 상대에 대한 존중과 존경의 마음을 표현한다는 것을 알게 되었다. 언어를 너무 쉽게 판단하면 안 된다.

"돈 버는 영어"를 잘하기 위해서는 많은 시간과 노력이 필요하다.

7. 통번역의 고통 ⊘ 공통

– 세상에 쉬운 게 없다. 화려함의 뒤편

국제협력업무와 국제교육업무를 하면서 TV에서 보던 통·번역사들과 일할 기회가 많았다. 영어, 불어, 스페인어, 러시아어 등 매우 다양한 언어의 통·번역사를 만났다. 통번역대학원을 나온 실력 있는 분들이었다. 통번역대학원을 입학한 것만으로도 언어 능력은 검증된 것이고, 통번역대학원에서는 스킬을 배운다는 말을 들었다. 어떤 분들은 대통령 취임식 같은 VIP 행사에 동시통역사로 일을 했고, 통번역대학원에서 강의할 정도로 능력이 매우 뛰어나신 분들이었다.

그러나, 통번역 업무 내용이 매우 전문적인 국제회의, 국제교육이라서, 전문용어 등 내용을 이해하는 게 매우 어렵다. 한국말로 설명을 들어도 이해가 안 되는 것을 그 나라 언어로, 더구나 그 나라에서 해당 분야 전문가로 일하는 사람들에게 전달해야 하는 일이니, 고난이도 업무이다. 동시통역은 말도 할 것이 없고, 순차 통역의 경우에도 해당 내용을 사전에 숙지할 뿐만 아니라, 행사 기간에는 모든 신경을 거기에 쏟아야 하니, 정신적인 고통이 크다.

일반 사람들은 TV 방송에 보이는 화려한 모습만 보게 되고, "많은 돈을 받는다"는 것에 관심을 두지만, 같이 일해본 사람으로 그분들의 전문성, 노력, 책임감을 생각하면 충분히 받을 만하다고 생각된다.

몇 시간 동안 쏟아지는 상대의 말을 한국어로, 한국어를 상대국의 말로 옮기는 과정을 보면, 전쟁터처럼 보인다. 나 같으면 중간에 못 하겠다고 뛰쳐나갔을 것 같다. 그럼에도 끝까지 역할을 다하는 걸 보면 존경스러울 정도이다.

국제교육 과정에서 해당 연수참석자들로부터 통·번역사가 너무 잘해 준다는 말을 듣는 것이 담당자로서 큰 보람이다. 연수참석자들의 질문이 많아질 때는 통역이 잘되고 있다는 것을 직감적으로 느낀다. 우리도 누군가와 대화할 때, 내 말을 잘 이해하지 못하거나, 전달이 안 된다고 느끼면, 더 이상 대화를 이어가기 힘든 것과 같은 이치이다.

간혹, 제3외국어 통역이 필요할 때가 있다. 특히 최근에 교류가 많은 태국, 베트남, 캄보디아, 라오스 등 동남아시아 국가이다. 국내에서 해당 언어의 수요가 적어 통번역대학원에 해당 학과가 없거나, 바로 영어로 소통하기 때문에 국내 전문 통·번역사를 찾기 어려울 때가 있다. 이때, 한국에 거주하고 있는 외국인에게 통번역을 맡기는 경우가 있다.

캄보디아에서 온 정부 관계자들과의 미팅을 위한, 한국인과 결혼해서 살고 있는 캄보디아 여성분에게 통역을 맡긴 적이 있다. 그러나, 일상적인 대화 이외에 전문적인 내용에 대한 통역이 어려워서 중간에 영어로 진행하였다.

반대로, 태국에서 온 정부 관계자들과 회의를 위해 태국에서 오래 살았다고 하는 한국 학생에게 통역을 맡겼다. 한국어가 너무 서툴러서 우리가 알아듣기 힘들었다. 결국 양측 간에 협의를 통해 예정에 없이 영어로 진행하였다. 이처럼 제3외국어 통역은 더욱 힘들다.

8. 영어 공부를 위해 아프리카로　　　◎ 공통

– 영어 공부에 진심인 한국 사람

2019년 필리핀에 가기 위해 공항에서 일행을 만나서 출국수속을 마치고, 탑승대기를 위해 게이트에서 기다리고 있었다. 탑승이 시작될 무렵, 탑승구의 데스크에서 우리 이름이 호명되었다. 무슨 문제가 발생했는지 걱정스러운 마음으로 갔는데, 일반석 티켓을 비즈니스석으로 바꿔주겠다는 것이다.

내용을 알아보니, 항공사에서 예약 취소를 고려하여 일반석을 여유 있게 발권한다는 것이다. 그러다가 취소되는 것이 없이 일반석이 다 찰 때는, 여유가 있는 비즈니스석으로 바꿔주는데, 이때 기존 마일리지 실적이 우수한 고객을 우선으로 배정한다고 한다.

내 옆자리에 한국인 청년도 나와 같은 이유로 비즈니스석으로 업그레이드되었다고 한다. 필리핀으로 가는 동안 잠시 이야기를 나누었다. 아버지의 권유로 초등학교 때부터 필리핀에서 대학까지 졸업했다고 한다. 필리핀에서 영어만 확실하게 배우면 낫겠다는 생각이었다고 한다. 경영학을 공부했는데 올해 7월에 졸업하고 한국에서 취업하기 위해 들어왔다고 한다. 필리핀에서 취업해도 되지만 급여가 한국의 50% 수준이라고 한다. 그래서 한국에서 취업하고 싶은데, 취업하기가 너무 어렵다고 하였다.

내가 아는 범위 내에서 조언의 말을 해주었다. 요즘에는 영어를 잘하는 학생들이 많아서, 영어만 잘한다고 해서 취업이 되기 힘든 것 같다. 글로벌한 인재로 키우겠다는 생각은 좋으나, 단순히 영어만을 잘 시키기 위해 필리핀에 보낸 것이라면 옳은 결정이었는지는 생각해 볼 여지가 많다. 필리핀에서 공부해서 그런지, 필리핀 사람들처럼 여유가 있고 매우 맑은 청년이었다.

2023년 네팔 연수를 하면서, 회사에서 특이한 이력을 가진 직원과 일을 하게 되었다. 중고등학교를 케냐에서, 대학은 미국에서 졸업한 직원이었다. 중고등학교를 케냐에서 졸업했다고 하니, 부모님이 선교사, 대기업 주재원, 외교관이 아닐까 추측을 했다. 직원에게서 들어보니, 부모님을 따라서 외국에 간 것이 아니고, 오롯이 영어 공부를 하라고, 중3 때 친척이 있던 케냐로 보냈다고 한다.

케냐에서 살았던 집에는 그 직원과 비슷하게 영어 공부를 위해 한국에서 온 여러 명의 학생이 있었다고 한다. 다행히 학생들 모두 명문대학에 합격했다고 한다. 자녀를 아프리카에 보낼 만큼, 한국 부모님들의 영어 공부에 대한 열정은 대단한 것 같다.

그러나, 영어만을 위해 해외에 보내는 것은 신중하게 생각해 봐야 할 것 같다. 영어는 목적지까지 가기 위한 수단이지, 최종 목적지는 아니기 때문이다.

9. 영어로 무엇을 말할 것인가?　　

－ 전공 분야가 있어야 한다

　한국에서 영어에 대한 열기는 광풍에 가깝다. 영어 유치원에 이어, 엄마표 영어가 유행처럼 번져 나갔다. 중고등학교 때 어학연수를 갔다 오는 것은 필수처럼 되었고, 대학교 때는 교환학생 또는 워킹홀리데이 프로그램에 관한 관심이 높다. 경제적 여유가 되면, 학생 때부터 조기 유학을 보내기도 한다.

　어디에 쓰려고 이렇게 영어 공부를 시키는 것일까? 영어를 할 수 있으면 모든 것이 해결되는가? 아내가 아는 중국 조선족 유학생은 각종 채용시험에서 영어 가점을 주는 한국을 이해하지 못했다. 영어를 잘하는 것은 마치 음악, 미술, 체육과 같이 여러 가지 능력 중 하나인데, 왜 유독 영어를 잘한다는 이유로 가점을 주느냐는 것이다. 해외 영업직을 뽑는 것이라면 모를까, 회사에서 영어 쓸 일이 거의 없으니 일면 타당한 말이다.

　나는 영어를 잘하고 싶은 로망은 있었으나, 영어 공부에 관한 관심과 노력이 부족했었기 때문에 영어를 잘하지 못했다. 우연한 기회에 회사에서 국제협력업무를 담당하면서 생존을 위해 영어를 해야 했다. 그리고 영어를 잘하는 국제협력 종사자들을 만날 수 있었다. 그러면서 느끼는 것은 단순히 "영어를 잘하는 것"이 아니라, "영어로 무엇을 말할 것인가"가 더 중요하다는 것을 깨닫게 되었다. 영어는 수단이고, 자신만의 전문성(전공)이 병행되어야 한다는 것이다.

영어 공부를 위해 해외에 유학을 가는 경우가 많이 있지만, 단순히 영어를 잘하는 것만으로는 전문성을 인정받기 어렵다. 최근에는 어려서부터 영어 공부를 꾸준히 하면서 해외에서 공부하는 학생 못지않은 실력을 갖추고 있는 학생들이 많이 있다.

국제개발 분야에서 활동을 희망하는 학생 중, 어문 계열, 국제개발학, 정치외교학을 전공한 학생들이 있다. 영어와 제2외국어를 할 수 있다는 것은 분명 장점이 될 수 있고, 국제개발학 관련 전공을 통해 국제개발 분야의 이해도가 높을 것이다. 그러나, '어떤 분야에서 국제개발을 할 것이냐?'는 구체적인 전문 분야가 필요하다. 섹터 전공자가 필요한 것이다. 공공행정 분야 이외에 에너지, 수자원, 농업농촌, 보건의료 등 매우 구체적이고 다양한 전공 분야가 있다.

그래서, 국제개발 분야에서 활동하고자 하는 학생들에게 섹터 전문가가 되어야 한다고 이야기해 주고 있다. 그렇지 않으면, 해당 분야의 전문가로 활동하기보다는 그런 전문가를 지원해 주는 역할에 한정될 수 있기 때문이다.

(국제개발)

10장

함께 잘 사는
세상을 바라며

1. 초등학생을 누가 잘 가르칠까?　　　◎ 수단

- 개도국 농촌지역에 소액 금융 전파하기

2017년 수단 카르툼에서 개최된 AARDO(아프리카 아시아 농촌개발 기구) 연수기관 회의에는 한국을 비롯하여, AARDO 연수 과정을 수행했던 잠비아, 방글라데시, 인도, 파키스탄의 연수기관 책임자들이 참석하였다.

공식 회의 이후 수도에서 1시간가량 떨어진 농촌 마을의 사업 현장을 방문하였다. 농촌 마을에서 소액 금융(Micro financing)사업을 수행하는 사례를 듣고 토론하는 시간을 가졌다. 소액 금융은 쉽게 말하면, 마을 사람들끼리 돈을 모아서 공동기금을 만들고, 돈이 필요한 가정에 낮은 이자로 빌려주는 제도이다. 금융기관을 이용하기 힘든 사람들에게 큰 도움이 된다.

방글라데시 그라민 은행이 소액 금융의 효시로서, 가난한 농민들이 자립할 수 있도록 도와주는 좋은 제도로 알려져 있다. 우리나라 농촌 마을에서 있었던 "계"와 같은 개념이다. 그라민 은행과 설립자인 유누스 교수는 극심한 가난에서 벗어날 수 있도록 지원해 준 공로를 인정받아, 2006년 노벨평화상을 수상하였다.

농촌 마을의 사업담당자로부터 소액 금융제도 운영에 대한 설명을 듣고 난 뒤, 참석자들과 토론하는 시간을 가졌는데 나는 별로 할 이야기가 없었다. 소액 금융에 대한 전문가도 아닐뿐더러, 우리나라에서는 이런 마을 자조 기금과 같은 형태는 1970~80년대에 있었던 제도이고, 지금은 농협이나, 시중은행을 통해 제도화되어 버렸기 때문이다.

반면, 방글라데시와 인도에서 온 참가자들은 매우 활발하게 토론에 참여하였고, 수단의 사업담당자에게 도움이 될 수 있는 많은 이야기를 해주었다. 아무래도 방글라데시와 인도에서는 소액 금융을 하고 있으므로 수단 담당자에게 실질적인 이야기를 해줄 수 있었다.

한국은 이미 3만 달러 이상의 경제발전을 이룬 나라로서, 5천 달러 시대의 경험은 이미 20여 년 전의 경험이므로, 5천 달러 시대를 살고 있는 국가들에 실질적인 이야기를 해주는 데 한계가 있는 것이다.

마치, 미적분을 다 배운 고등학생에게 사칙연산을 배우는 초등학생을 가르치라고 하면 설명하기 어려운 것과 같은 이치이다. 사칙연산은 이미 다 배워서 쉽기는 하지만, 초등학생의 눈높이에 맞춰 설명하기가 어렵기 때문이다. 초등생 수학은 나이가 1~2살 더 먹은 형, 누나들이 더 쉽게 잘 가르칠 수 있다.

AARDO 연수가 잠비아, 방글라데시, 파키스탄 등에서도 개최가 되는데, 서로 무엇을 배울 게 있을까? 의문이 들었다. 한국과 같이 이미 발전된 선진국에 가야지만 배울 게 있지 않을까? 하는 선입견이 있었다. 그러나, 비슷한 소득의 국가 사람들끼리 서로의 문제점과 해결 방법을 공유하는 것이 실질적인 도움을 줄 수 있을 것 같다.

이것이 비슷한 국가들끼리 협력하는 "남남협력(South-south cooperation)"이 가능한 이유인 것 같다. 선진국들의 사례를 도입하기에는 갭이 너무 크기 때문이다. 차라리 선진국들은 남남협력을 할 수 있도록 재정적으로 도움을 주는 게 더 효과적인지도 모른다. 참고로, 남남협력이라 지칭하는 것은 대부분 개도국이 남반구(아프리카, 남미, 남아시아)에 있고, 남반구에 있는 개도국들끼리 협력한다고 하여, 남남협력이라 일컫는다.

그런 점에서 보면, 경제발전을 이룬 한국과 같은 국가를 통해 배울 것도 있지만, 잠비아, 방글라데시, 파키스탄에서 개최되는 연수에 참석해서 배우는 것도 있다. 많은 개도국 국가가 그런 연수에 참석하는 이유가 이해된다.

2. 시장은 대지주, 동생은 부시장   ⊙ **필리핀**

- 국가 발전을 위해 토지(농지)개혁이 중요하다

필리핀은 과거 한국에 비해 잘살았던 국가이다. 그러나, 지금은 경제적으로 발전을 이루지 못하였다. 이유를 다 알 수 없지만, 전임 대통령 부인의 구두가 1천 켤레가 넘었다는 뉴스에서 보여주듯이, 사회 지도층들의 부정부패가 중요한 이유가 아니었을까 싶다.

2018년 12월 ODA 사업 현장 방문을 위해 필리핀을 방문하였다. 일정 중 사업지구가 있는 지역의 시장을 만나기로 약속하였다. 그러나, 갑작스러운 시장의 일정으로 시장은 만나지 못하고 다른 관리자를 만났다.

현지에서 들은 이야기는 지역의 시장과 부시장(동생)이 가족 관계라는 것이다. 시장도 원래 아버지가 시장이었는데 자식에게 시장을 물려주었다고 한다. 어떻게 이런 것이 가능할까? 그 가족이 지역의 대지주로서 시민들 대부분은 대지주의 소작농(임차인)이라는 것이다. 대지주가 시장으로 출마한다면, 임차인 입장에서 그를 찍지 않을 사람이 얼마

나 있을까? 선거를 앞두고, 표를 받기 위해 일정 금액을 선물처럼 소작
농들에게 뿌린다는 이야기를 들었다.

필리핀에는 마르코스, 아퀴노, 두테르테, 라모스 등 대통령을 배출한
여러 정치 가문과 재벌 가문이 있다고 한다. 이런 가문들이 필리핀 정
치(의원, 지자체장), 경제에서 자치하는 비중이 매우 크다고 한다. 이런 가
문들이 유지될 수 있는 것은 대지주들의 반대로 인해 농지(토지)개혁을
하지 못했기 때문이다.

한국, 일본, 대만은 농지개혁을 통하여 대지주의 농지를 유상 몰수하
여, 소작농(임차인)들에게 유상 배분하였다. 대다수 농업인이 농지를 소
유하도록 하는, 농지개혁은 농업 발전을 이끌었고, 농업 발전의 토대
위에 2차산업을 발전시켰다. 우리나라에서 1945년부터 1949년 사이
시행된 농지개혁은 이승만 대통령의 업적 중 가장 큰 업적이고, 대한민
국 근현대 발전사에서 매우 중요한 사건이라고 생각한다.

참고로, 한국의 농지개혁 당시, 교육기관을 설립하는 경우에는 대상
에서 제외를 해주었다. 덕분에 많은 대지주가 사립학교들을 설립하였
고, 지금까지도 사립학교(대학교, 고등학교)가 많은 이유가 이 때문이다.
자료에 의하면 농지개혁 전에 200개였던 사립중고등학교 숫자가 농지
개혁 이후 1,000개였다고 하니, 약 800개가 설립된 셈이다.

그러나 필리핀에는 농지(토지)개혁이 되지 않았다. 그래서 대부분 소
작농이 어려운 삶을 살고 있고 농업 생산성 향상을 위한 동기부여가

되지 않는 것이다. 내 땅도 아니니 열심히 농사를 지어야겠다는 동기가 생기지 않는 것이다.

그 지역의 ODA 사업은 시장이 소유하고 있는 농지가 있는 곳에 시행되었다. 어쩌면 시장이 소유한 토지를 지나지 않고서는 그 지역을 다닐 수 없을 만큼, 시장이 소유하지 않은 토지가 없었기 때문인지도 모른다.

3. 공사판 한국, 조용한 일본　　　

- 불편하지만, 발전하고 있다는 증거

한국에서 차를 운전하다 보면, 여기저기 도로공사를 하는 모습을 보게 된다. 도로공사로 인해 교통통제가 되고, 길이 좁아지기도 한다. 교통 정체가 자주 발생하니, 많은 운전자가 "왜 맨날 공사판인지" 불평불만을 쏟아낸다.

비단 도로공사 현장만 있는 게 아니다, 여기저기 건물이 지어지고, 다리가 놓이고 등등 많은 건설 현장을 보게 된다. 시간이 얼마 지나면 없던 건물이 새롭게 지어진다.

2014년 세종시로 중앙 부처가 새롭게 옮겨가면서 과거 논밭이던 곳에 새로운 도시가 생겨났다. 지금의 세종시는 과거 "충남 연기군"으로서 나의 고향이기도 하다. 연기군에서 초등학교부터 대학교 졸업과 직장 초년생 때까지 살았던 곳이다.

중학교 시절 학교를 마치고 버스를 타기 위해 걸었던 들판 길, 금강

다리를 건너 소풍 갔던 곳이 지금 세종시가 되어 정부 청사, 관공서, 아파트가 들어섰다. 매번 고향에 내려갈 때마다 어떻게 불과 10여 년 만에 이렇게 천지개벽을 할 수 있는지 놀라울 따름이다.

2018년 5월 처가 식구들과 함께 일본 규슈지역을 여행했다. 후쿠오카를 시작으로 구마모토, 아소산, 벳푸까지 가는 코스였다. 거의 1주일을 다니면서, 한국에서 흔하게 볼 수 있는 도로공사, 새로운 건물이 지어지는 공사 현장을 보기 힘들었다. 너무 조용한 나라였다. 마치 발전과 성장이 멈춘 국가라는 생각이 들었다.

한국에서 불편하게 느껴졌던 공사판 현장이, 어떻게 보면 아직 한국은 발전하고 있다는 좋은 증거라는 사실을 깨달았다. 마치 아이들이 키가 클 때 느끼게 되는 성장통과 같은 게 아닐지 싶다. 성장이 멈춰버린 일본을 보고 한국에 돌아온 뒤, 길거리에서 도로가 통제되고 공사하고 있는 모습이 마냥 불편하게 느껴지지 않았다.

해외를 다니다 보면 여러 동남아시아 국가에서 새롭게 공항을 짓고, 도로를 건설하고, 건물을 짓는 현장을 많이 보게 된다. 동남아시아도 열심히 발전하기 위해 몸부림을 치고 있다.

2023년 에티오피아 아디스아바바에 갔을 때, 시내 곳곳에 지어지다 중단된 건물을 많이 볼 수 있었다. 사람조차 오가지 않는 것으로 보아서 아예 공사가 중단된 것이다. 이야기를 들어보니, 공사가 시작되었다가 돈이 없어서 중단된 것이고, 다시 돈이 생기면 공사가 시작될 수 있다는 것이다. 돈이 있을 때마다 조금씩 공사를 하는 것이다.

다소 불편하더라도, 우리나라가 점점 발전하고 있음에 감사하며, 불편함을 감수해야 할 것 같다.

4. 일자리는 가장 큰 원조 ⊚ 베트남

- 베트남에서 가장 크고 고마운 한국기업

우리나라는 1950년 6·25전쟁 이후 해외로부터 많은 원조를 받았다. 원조를 통해 식량을 받았을 뿐만 아니라, 제철소, 고속도로 등 사회기반시설(SOC)을 확충하였다. 지금까지 한국의 발전에 원조는 크게 이바지하였다.

한국은 2010년 OECD 개발원조위원회(DAC)에 가입함으로써, 명실상부하게 원조를 받던 나라에서 원조를 주는 나라로 발돋움하였다. 우리나라의 ODA 규모는 25년 예산 기준으로 6조 5천억 원에 달한다. ODA를 통해 많은 개도국의 발전을 위해 도움을 주고 있다.

2015년 베트남 가족여행을 갔을 때 베트남인 가이드로부터 매우 인상적인 말을 들었다. "개도국에 가장 큰 도움을 주는 것은 일할 수 있는 공장을 세워주는 것"이라는 것이다. 하노이 근처에는 캐논 등 유명기업의 공장이 있다. 그중 가장 큰 것은 삼성전자 공장이다.

삼성전자 공장에 일하는 직원과 협력업체를 포함해서 약 17만 명이 일하고 있다고 한다. 삼성전자 공장이 세워짐으로써 직원 1명이 먹여 살리는 식구를 4명이라고 가정하면, 약 70만 명의 생계를 책임지고 있는 셈이다.

개도국 발전을 위해 우리가 많은 유무상 원조를 하고 있지만, 일회성의 원조로 그치는 일도 있다. 물고기 잡는 법을 가르치지 않고, 물고기를 주고 있는 게 아닌지 돌아볼 필요가 있다.

가이드 말에 의하면, 현금을 주는 원조보다도 일할 수 있는 일자리를 만들어 주는 것이 가장 큰 원조라는 것이다. 하노이에서 삼성전자가 가장 취업하고 싶어 하는 기업이고 급여 등 대우도 가장 좋은 기업이라고 한다. 한국인으로서 자랑스러웠다.

많은 개도국을 다니다 보면 한국의 대기업 간판이 보이는 곳이 있다. 한국의 대기업이 진출해 있는 곳이다. 그러나, 어느 개도국을 가보면 한국의 대기업 간판은 물론, 다른 해외의 유명기업의 간판 하나 찾아보기 힘든 곳이 있다.

아쉽지만, 인구가 작아서 시장 규모가 작거나, 내전과 쿠데타 등 내정이 불안정하여 외국기업이 진출하지 못하거나, 금융시장이 안정화되지 않아 투자금 및 이익을 회수할 수 있을지 담보할 수 없기 때문이다.

이러한 외국기업의 투자가 이루어지지 않으므로, 개도국에 양질의 일자리와 경제발전에 마중물 역할을 할 수 있는 선순환 구조가 만들어지지 않는 것이다.

베트남 현지에서 우리나라 기업이 최고의 직장으로 인정받고, 많은 현지인에게 좋은 일자리를 제공해 주고 있다는 사실이 매우 뿌듯하고 흐뭇하였다.

5. 국제원조(ODA) 사업의 모범 국가   ⊙ 한국

– 한국은 ODA 모범 사례이다

원조를 받던 국가에서 원조를 주는 국가로 변신한 대한민국은 국제 사회에서 요구한 기준을 맞추기 위하여 매년 ODA 규모를 확대해 나 가고 있다. ODA 사업에는 무상원조(주는 것, Grant)와 유상원조(빌려주는 것, 일명 차관, Loan)가 있다.

ODA 사업은 개도국의 발전을 위해 대한민국이 국제사회에 기여하 는 것이다. 국제개발 협력 분야에 종사하는 많은 사람도 그러한 사명감 으로 일하는 분들이 많다. UN 산하 국제기구에서 일하는 분들도 있지 만, 개도국 현장에서 열악한 여건 속에서 헌신하시는 분들도 많이 있 다. ODA를 받는 국가 또는 국민은 이분들의 희생과 노력을 잊지 않았 으면 좋겠다. 다행히, 내가 만나본 개도국 공무원들은 대한민국의 이러 한 기여에 고마워하는 마음을 가지고 있다.

그러나, ODA 사업 현장에서는 원조 규모에 따라 개도국 관계자들 이 대하는 태도가 다른 때도 있다고 한다. 또한 원조사업을 국가 발전의 기회가 아닌, 개인(일부 권력자)의 이익을 챙기는 기회로 생각하는 경우도 있다고 하니 안타까움이 든다. 오죽하면 "죽은 원조(담비사 모요)"라는 책이 나왔을 정도이다.

금액이 큰 유상원조는 개도국의 발전을 위한 사업에 낮은 이자로 돈을 빌려주는 차관사업이다. 유상원조를 통해 개도국의 발전을 견인하고, 최종적으로는 차관을 기한 내에 상환하기 위한 노력을 해야 한다. 대한민국은 과거 해외차관을 받아서 경제발전과 기술 발전의 동력으로 활용하였으며 모든 차관을 상환하였다.

그러나, 개도국에서는 이러한 선순환 구조가 작동하지 않은 경우가 있어, 아쉬울 따름이다. 세계은행과 같은 국제개발은행(MDB)이나, 일부 국가에서 차관(채무)을 탕감해 주기도 하는데, 이를 기대하는 것인지 모르겠다.

어느 명예교수님의 말씀에 따르면, 국제기구 관계자를 만났을 때, 한국은 원조받은 예산 대부분이 해당 사업에 실제 투입이 잘 되어서 원조의 효과성이 높은 나라였다고 한다. 다른 개도국의 경우 실제 사업에 투입되지 않고 다른 곳으로 누수가 되는 사례가 많다고 한다.

또한, 어느 퇴직 선배님의 말씀에 따르면, 한국은 원조사업을 받았을 때, 해외 전문가들로부터 하나라도 더 배워서 우리 것으로 만들기 위해 노력했고, 동일한 것으로는 다시 원조받지 않도록 했다는 것이다.

이러한 분들의 올바른 생각과 실행이 있었기에 대한민국이 원조받던 국가에서 원조를 주는 국가로 바뀔 수 있었던 것이 아닌가 싶다.

6. 왜, 한국인가? ⊗ 공통

– 한국이 가지는 발전 경험의 특수성

많은 개도국에서 한국의 발전 경험을 배우고 싶어 한다. 한국 이외에도 많은 선진국들이 있지만, 한국만이 가지는 발전 과정에서의 특수성이 있다.

발전 속도

한국은 1960년대 이후 반세기만의 매우 빠른 경제성장을 이루었다. 많은 개도국이 이런 한국의 눈부신 성장을 배우기를 희망한다. 한국의 빠른 발전 과정 동안 문제점도 있었지만, 그들도 한국처럼 빨리 성장을 이루고 싶어 한다.

한국은 자원이 없으므로 수출주도형 경제발전을 추구했고, 다행히 큰 성공을 이루었다. 이러한 성공모델을 모든 개도국에 적용할 수는 없겠지만, 이러한 발전은 많은 부러움의 대상이 되고 있다.

자생력

　한국은 과거 식민지 지배의 역사가 없는 국가이다. 많은 선진국은 식민지 지배의 역사가 있다. 선진국 발전의 기저에 이러한 식민지 지배를 통해 획득한 인적, 물적자원이 있음을 부정하기 어렵다. 이 때문에 선진국의 원조를 "부채를 갚는 것"으로 생각한다. 그러나, 한국은 식민지배 없이 발전을 이룬 국가이다.

　많은 개도국이 선진국들의 발전에 대하여 식민 지배의 역사를 거론하면서 문제를 제기하기도 하지만, 한국의 발전에 대하여 그 누구도 이의를 달지 않는다. 남의 것을 빼앗지 않고, 스스로 발전을 이룬 국가이기 때문이다. 한국의 이러한 자생력을 배우고 싶어 한다.

무에서 유

　한국은 천연자원이 거의 없는 국가이다. 오롯이 인적자원과 기술력으로 발전을 이루었다. 천연자원이 풍부한 개도국도 있지만, 자원이 부족한 국가들에 한국의 발전은 좋은 성공모델이 될 수 있다. 자원이 없는 국가들에도 희망이 될 수 있다.

　천연자원은 무한하지 않기 때문에, 이것만 믿어서는 지속가능한 발전을 이룰 수 없다. 한국의 사례를 통해, 우수한 인적자원과 기술력 확보가 얼마나 중요한지 깨달을 수 있다.

산증인

1960년대 이후 반세기만의 빠른 발전을 이룬 덕에, 한국의 발전 역사를 증언해 줄 산증인들이 많다. 나이가 60~70대의 전문가들은 한국이 저개발국가 시절부터 선진국 시절의 모든 과정을 다 경험하셨던 분들이다. 인당 100달러부터 3만 달러가 넘은 과정에서 성공과 실패의 모든 것을 다 알고 있다. 개도국 공무원들을 대상으로 이분들이 생생한 증언을 해주면 이보다 더 좋은 교제는 없다.

박물관

한국에는 중앙정부, 지방정부, 공공기관 등에서 만들어 놓은 박물관, 홍보관들이 매우 잘 갖춰져 있다. 대규모 공공사업의 경우, 사업이 끝나면 사업의 추진 배경, 과정, 성과들을 홍보의 목적으로 한눈에 볼 수 있는 시설들을 잘 만들어 놓았다.

한국은 세계 최고의 디지털 강국이다. 많은 자료가 전산 자료로 잘 기록되어 있고 보존되어 있다. 새마을박물관에 가보면, 1960년대 이후 새마을운동의 기록들이 잘 보관되어 있는데, 덕분에 유네스코 세계 기록 문화유산으로 등재가 되었다.

동시대성

미국, 유럽 등 많은 선진국의 발전 과정은 100~200년 전의 역사이다. 발전이 이루어졌던 산업화의 시기가 너무 오래전 이야기이다. 개도국에서 벤치마킹하기에는 시차가 너무 크고, 지금 시대 상황에도 부합하지 않을 뿐만 아니라, 적용하기에도 어려움이 있다.

한국의 빌진 경험온 불과 얼마 지나지 않은 것으로서, 동시대의 살아 있는 경험을 전달해 줄 수 있는 장점이 있다.

농업 발전의 시작

한국 경제발전의 첫 시작은 농업농촌개발이다. 1차 농업의 발전을 발판으로 2차산업 발전까지 연계가 되었다. 농업 발전을 통해 식량문제를 해결하고, 농촌에서 성장한 자녀들이 도시의 근로자로 유입되면서 2차산업 발전의 원동력이 되었다.

대부분 개도국은 아직도 농업과 농촌인구의 비중이 크다. 개도국의 발전을 위해서 농업농촌 발전은 필수조건이다. 한국의 농업농촌 발전의 노하우를 배우는 것이 중요한 이유이다.

7. 기회조차 불균형한 개도국

– 교육 기회의 불균형, 기후 위기 대응의 불균형

교육 기회의 불균형

2019년 코로나로 인하여 전 세계는 한 번도 겪어보지 못한 일을 경험하게 되었다. 코로나로 인해 학교에서 수업이 불가능해지자 온라인 교육이 시행되었다. 그러나, 가정 형편 때문에 컴퓨터나 태블릿이 없는 집에 교육 불평등 문제가 제기되어, 정부에서 태블릿과 통신비 등을 지원해 주었다.

마찬가지로, 코로나로 인해 개도국 공무원을 한국으로 초청하거나, 한국 전문가가 현지로 가서 연수를 할 수 없게 되었다. 대면 연수가 불가능해지자 나온 대안이 비대면, 즉 온라인 연수이다.

나의 첫 온라인 연수는 2021년 카메룬 연수였다. 온라인 교육 기반이 취약한 카메룬 공무원을 위해 코이카에서는 노트북과 데이터를 사용할 수 있는 기기를 지원해 주었다. 그러나, 막상 실시간 온라인 교육을 하는 중간에 인터넷이 끊기거나, 정전이 발생하는 등 여러 가지 변수로 인하여 온라인 교육을 진행하는 데 어려움이 있었다.

온라인 교육의 장점이 언제, 어디서나 제약이 없이 교육받음으로써 격차를 해소해 줄 수 있다는 것인데, 정작 개도국에는 적용되기 힘들었다. 온라인 교육이 가능한 기반이 갖춰져 있어야 한다는 전제조건이 붙는 것이다.

결국 교육의 격차, 불평등 해소가 가장 필요한 개도국은 대면이든 비대면이든 그것을 해소하지 못하는 안타까운 상황이 된 것이다. 가장 필요한 사람이 혜택을 볼 수 없다는 것이다. 한국에서 EBS 등 교육 방송을 통해 교육의 격차를 해소해 줄 수 있음에도, EBS 방송을 볼 수 있는 TV, 컴퓨터가 없다면 다 무용지물인 것과 같은 이치이다.

기후 위기 대응의 불균형

얼마 전 TV에서 광고를 보았다. 기후변화로 인해 가뭄, 기근 등 고통받고 있는 아프리카 어느 나라를 보여주면서, 기후변화를 해결하기 위해 신재생에너지가 필요하다는 내용이었다. 그러면서, 태양광, 풍력 등 신재생에너지 사업을 하는 국가를 보여주었다.

그런데, 정작 신재생에너지 사업을 하는 국가는, 전기가 필요한 아프리카 개도국이 아닌 선진국이었다. 개도국에 태양광 등 신재생에너지를 보급해 줄 수는 없는 것인가? 선진국에 신재생에너지를 보급하고 탄소 배출을 줄여서 개도국의 기후 위기를 저감시킬 수 있다는 의미인가? 헷갈렸다.

2021년부터 2023년까지 3년 동안 에콰도르와 알제리 태양광발전 등 신재생에너지 관련 연수를 시행하였다. 2년 동안 온라인으로 하다가, 마지막 3년 차는 한국 초청 연수로 시행하였다. 한국을 찾아오는 만큼, 신재생에너지 분야에서 세계적으로 유명한 한국의 기업을 방문하는 견학을 계획하였다.

그러나, 섭외하고자 했던 곳 모두를 견학할 수가 없었다. 신재생에너지 분야에 관한 기술 유출을 우려한 것인지는 모르겠지만, 견학 신청서에는 방문자들이 고객으로서 얼마만큼 해당 기업의 제품을 구매할 의향이 있는지에 대한 내용을 적게 되어 있었다.

순수한 견학 목적으로는 신청할 명분이 없었다. 해당 기업의 홈페이지에 들어가 보니 주로 선진국에서 많은 사업과 사무소를 운영하고 있었다. 대규모 사업비가 투자되는 신재생에너지 분야에서 개도국은 비즈니스 상대가 아니라, 그저 ODA 사업의 대상국일 수밖에 없었다.

신재생에너지가 필요한 국가는 개도국인데, 경제성이 맞지 않으므로 정작 해당 사업을 할 수가 없는 모순된 상황이다.

8. 극한직업 체험하기

– 도로, 전기는 국가 발전의 척도

해외를 가서 비행기가 착륙할 때 창밖을 통해 바깥 풍경을 바라본다. 많은 건물이 보이고, 도로들이 눈에 들어온다. 특히 밤에 착륙할 때는 도시의 불빛이 눈에 들어온다. 어느 국가는 도시의 불빛이 환하고, 어느 국가는 도시가 어둡다.

도로

공항을 나와 도시를 달리다 보면, 도로가 넓고 잘 정비된 국가가 있고, 그렇지 않은 국가도 있다. 밤에도 도로의 가로등이 제대로 없는 국가도 있다.

어느 국가를 방문하든, 도로를 처음 보게 되고, 도로는 그 나라 인프라의 척도가 된다. 우리가 도착하는 곳이 대부분 그 나라의 수도이므로, 그나마 수도의 도로는 잘 정비된 편이다. 그러나, 지방으로 가다 보면 도로가 좁고 비포장도로인 경우도 많다.

스리랑카의 수도에서 지방 현장을 갔을 때 거의 10시간을 대부분 비포장도로를 이용해야 했다. 1개의 차선을 가지고 양방향으로 통행하다 보니, 아슬아슬하게 비껴가는 위험한 상황이 반복되었다. 엄청나게 많은 짐을 실은 트럭들이 그런 위험한 도로를 달리고 있다.

TV 방송 중 OBS의 "극한 직업"이란 프로가 나오는데, 아프리카 어느 국가에서 농산물을 생산해서 시장까지 운반하는 과정을 그리는 내용이 나온다. 불과 100km 남짓의 거리임에도 불구하고 도로 여건이 좋지 못하여 며칠이 걸린다.

한국에서 빠르면 1시간에 갈 수 있는 거리이다. 비포장도로로 인해 자동차 바퀴가 빠지고, 홍수가 나서 도로가 끊어지고 불어난 강물을 건너는 등 그들의 고단한 삶을 보게 된다. 국가에서 도로를 포장해 주면 좋을 텐데 왜 국민이 고통을 겪어야 하는지. 극한직업 체험을 하지 않도록 해주는 것이 국가의 책임일 텐데 너무 안타깝다.

연수 참석을 위해 한국에 온 필리핀 공무원을 차에 태워 숙소로 이동한 적이 있다. 그분들의 말에 의하면, 한국은 일반 주택가의 작은 도로에서 조금만 가면, 바로 4차선 이상의 큰 간선도로가 나와서 너무 편리해 보인다고 부러워하였다.

전기

밤에 비행기 위에서 보이는 불빛도 있지만, 개도국의 숙소에 있다 보면 가끔 전기가 나갈 때가 있다. 그 나라 전기 사정이 열악한 것을 알 수 있다.

카메룬과 에콰도르 공무원을 대상으로 온라인 연수를 해야 하는데, 중간에 정전이 발생하여 중단되는 사례가 발생하곤 하였다. 그나마 그 나라 수도라서 사정이 좋은 곳임에도 불구하고 자주 정전이 되는 것이다. 아마도, 지방으로 가면 더 많이 발생할 것이다.

전기가 부족하면 단순히 일상생활에만 문제가 되는 것이 아니라, 산업에도 영향을 미친다. 공장이 돌아가야 물건이 안정적으로 생산되고 유통된다. 물건을 생산하여 해외에 수출해야 국가가 돈을 벌 수 있다.

개도국에서 농업의 비중이 크다. 농산물을 생산해서 판매해야 하는데, 생산된 농산물을 오랫동안 저장하고 보관할 수 있는 저장고, 농산물을 가공할 수 있는 기계 등 모든 것이 전기가 있어야 돌아갈 수 있다.

다행히, 대한민국은 과거 경부고속도로를 건설해서 사람과 물자가 원활하게 유통이 되도록 하였고, 포항제철소(지금의 포스코)를 만들어서 자동차와 조선업을 위한 철강을 공급하였다. 발전용 댐과 원전을 건설하여 안정적인 전기를 생산한 것 등은 우리나라가 경제발전을 이루는 데 큰 동력이 되었다.

9. 들리지 않는 목소리　　　　　　　　　

– 개도국 뉴스에 관심 갖기

국내에서도 해외에서 벌어지는 많은 일들에 대한 뉴스를 접하게 된다. 어느 국가의 정치, 경제뿐만 아니라, 전쟁, 홍수와 가뭄, 대형 사건·사고 등 다양한 뉴스를 접한다. 그러나, 특정 대륙, 국가에 치우쳐 있다.

일본, 중국 등 지리적으로 가까운 국가와 미국, 유럽(프랑스, 영국, 독일 등) 등 서방 국가에서 일어나는 뉴스에 집중되어 있다. 경제적, 정치적으로 한국과 중요한 대상 국가임에는 틀림이 없다. 그러나, 너무나 사소한 사건·사고까지 국내 언론사를 통해 보도된다. 과연 국내에 관심이 있는 사람이 있을지, 저런 내용까지 우리가 알아야 하나 의문이 들 때도 있다.

아시아, 아프리카 등에서 수백 명이 죽는 사고나, 재난이 발생이 되어야, 단신으로 보도될 뿐이다. 그러나, 우리가 기억할 시간도 없이 순식간에 그 뉴스는 스쳐 지나간다. 그런 뉴스에 우리가 관심을 두지 않았을지도 모른다.

그 뉴스를 보면서 우리는 어떤 생각을 할까? 안타까움보다는 저개발 국가이기 때문에 "그러면 그렇지"라고 생각하면서, 자연재해조차 "그들의 무능함"으로 탓하고 있지는 않은지 돌아봐야 한다.

몇 년 전 비행기 안에서 "호텔 뭄바이"라는 영화를 보았을 때, 인도 뭄바이의 어느 호텔 안에서 수백 명의 사상자가 발생하는 사건이 있었음에도 왜 나는 몰랐지? 라는 의문이 들었다. 뉴스에 나왔어도 너무 짧게 보도되었거나, 보도되었어도 나의 무관심 때문이었을 것이다. 2008년 11월에 인도 뭄바이에 있는 호텔 등에서 테러 조직에 의해 195명이 사망하고 350명의 부상자가 발생한 사건이다.

해외에 머물 때 숙소의 TV를 켜면, 세계 각국의 방송(알자지라, 프랑스 방송)을 통해 평소 국내에서 접하지 못했던 중동 아랍권 국가, 아프리카 국가의 뉴스를 접하게 된다. 대한민국에서는 관심도가 떨어지는 뉴스일지 몰라도, 어느 지역(국가)에서는 그 뉴스를 전달하고 있었다.

물론, 그 뉴스를 알아야 하는 건 아니다. 그러나, 글로벌화 되는 대한민국에서, 이제는 우리의 시선이 서방 국가 중심에 머무르지 말고, 좀 더 넓어져야 하지 않을까 생각을 해본다. 그동안 많은 나라를 다녀온 경험 덕분에, 국제뉴스에서 해당 국가에 대한 뉴스가 나오면 관심 있게 보게 된다. 남의 이야기처럼 들리지 않기 때문이다. 좋은 일은 같이 기뻐하고, 슬픈 일은 같이 안타까운 마음이 든다.

(한류)

11장

KOREA 좋아요

1. 해외에서 더 유명한 한국 브랜드　　　⊗ 캄보디아

– 한국보다 캄보디아에서 유명한 화장품

　　과거에는 한국의 삼성, LG와 같은 전자제품, 현대, 기아와 같은 자동차 브랜드를 해외에서 많이 알아주었다. 최근에는 한국 드라마의 영향으로 한국의 배우들이 사용하는 화장품에 관한 관심이 매우 높아졌다. 한국에 오면 화장품을 사는 게 유행처럼 되었고, 나도 외국인들에게 화장품 선물을 많이 한다.

　　고가의 화장품 브랜드도 있지만, 중저가 화장품 브랜드도 많이 있다. 한국에 오는 연수생분들 상당수는 화장품을 사는데, 어떤 경우에는 가족, 지인들로부터 화장품 구입을 부탁받아서 온다. 특정 브랜드명과 제품번호까지 적어서 꼭 그것을 사야 한다고 한다.

　　2023년 캄보디아 연수생 중 젊은 남자분이 꼭 사야 하는 화장품이 있다고 하였다. 그 화장품을 못 사면, 집에 돌아가지 못할 것 같은 표정이었다. 제품 이름을 물어보니 "조선 미녀"라는 것이다. 나는 그런 제품을 들어본 적이 없었다. 그러나, 캄보디아에서는 한국 화장품으로 인기가 높다는 것이다.

인터넷을 검색해 보니 서울에 오프라인 매장에서 살 수 있는 곳이 몇 군데 있었다. 매장 수가 많지 않은 것을 보니, 아직 국내에서 인지도가 있는 제품은 아닌 것 같다.

그런데 캄보디아 연수생은 그 제품을 어떻게 알았을까? 국내에 이미 선점하고 있는 많은 브랜드가 있다 보니, 신생 브랜드들이 해외 시장만을 대상으로 하여 진출을 한 것 같다. 캄보디아에서 한국 화장품이라는 후광효과를 받아, 조선 미녀라는 브랜드를 홍보한 것이다.

아무래도 동남아시아 사람들은 어느 브랜드가 한국에서 유명한지 알지 못하므로, 한국 화장품으로 적극적인 홍보와 마케팅을 하면 효과가 좋을 수밖에 없다. 굉장히 좋은 전략인 것 같다. 레드오션이 아닌, 블루오션을 찾아 틈새시장을 노린 것이다.

결국 캄보디아 연수생에게 조선 미녀 매장을 안내해 주었고 구입하는 데 도움을 주었다. 그는 아내에게 받은 숙제를 마무리하고서야 편안하게 일정을 마칠 수 있었다.

2. 한국에 일자리 없나요?　　　◎ 스리랑카

– 한국에서 일하고 싶어요

2015년 국제행사 참석을 위해 스리랑카를 2번 방문하였다. 아주 조용한 나라이다. 국토 면적은 우리나라의 2/3 크기이고, 인구는 1/2 정도로 작은 나라이다. 콜롬보 시내의 작은 공원을 지나가고 있었는데, 현지인이 우리에게 어느 나라에서 왔냐고 물었다. 한국에서 왔다고 대답하니, 자기 동생이 서울에 있는 유명 호텔에서 일을 하고 있다고 하면서, 한국에서 온 우리에게 매우 반갑게 인사를 하였다. 스리랑카에서 한국에 일하러 가는 사람들이 많이 있는 모양이다.

회의 일정을 마치고, 저녁 식사를 하기 위해 해산물 식당에 갔다. 우리와 행사에 같이 참석한 일본 농림수산성 직원들이 현지 일본대사관 직원들과 같은 식당으로 왔다. 콜롬보에서 꽤 유명한 식당인 것 같았다.

식사하는데, 서빙하는 직원이 우리에게 "한국에 일자리가 없나요"라고 하면서, 한국에서 일하고 싶으니, 소개를 좀 해달라는 식으로 말하였다. 이야기를 들어보니, 스리랑카에서는 대학을 졸업해도 마땅히 일할 곳이 부족하다고 한다.

스리랑카는 인구도 적고, 소득수준이 낮아서 외국기업의 투자가 적은 나라이다. 스리랑카에 도착해서 공항에서 시내까지 들어오면서, 다른 나라에서 자주 볼 수 있었던, 해외의 유명 기업들의 간판을 보기가 어려웠다. 우리나라 대기업(삼성, 현대·기아, LG)의 간판도 보지 못했던 것 같다. 그러다 보니, 취업난이 심한 모양이다.

그나마, 스리랑카는 영어를 공용어로 같이 사용하고 있어서, 행사에 참석했던 공무원뿐만 아니라, 일반 시민들도 영어를 잘하였다. 영어를 할 수 있어서, 다른 나라에서 일자리를 얻기는 수월한 편이다.

스리랑카를 포함한 서남아시아 사람들이 영어가 가능하므로, 중동 및 동남아시아에서 근로자로 일하는 모습을 손쉽게 볼 수 있었다. 그러나, 좋은 일자리보다는, 운전기사, 보안요원, 청소 등 기피 업종에서 일한다.

식당에서 우리 일행은 맛있게 식사를 마쳤지만, 식당 종업원에게 어떤 도움을 줄 수 없어서 안타까웠다.

3. 좋은 사장님, 나쁜 사장님　　

- 좋은 한국 사장님, 나쁜 한국 사장님

한국에서 일하고 싶다고 말했던, 스리랑카 식당 직원이 한국에 왔다면 실제 어떤 삶을 살게 될까? 최근 스리랑카에서 온 외국인 노동자와 관련된 안타까운 소식을 접하면서, 예전에 있었던 뉴스까지 찾아보게 되었다.

의인이 된 외국인

스리랑카에서 온 니말 씨는 2011년 한국에 외국인 노동자로 들어왔다. 2016년 비자가 만료되어 스리랑카로 돌아가야 하지만, 그는 불법 체류자로 남았다. 아무래도 한국의 임금이 높아서 돈을 더 벌고 싶은 마음이었을 것이다. 그러던 중 2017년 경북에서 불이 난 집에 있던 할머니를 구해 주고 자신은 2도의 화상을 입었다. 이 소식이 알려져서, 니말 씨는 정부로부터 의상자(의로운 일로 다친 사람)로 지정이 되고, 2018

년 영주권을 받았다.

2025년 경북 영덕에 산불이 발생하였고, 인도네시아에서 온 비키 씨는 34명의 마을 주민을 구조하였고, 그 공을 인정받아 장기 체류 자격을 받았다. 이 외에도 뉴스를 검색하면 많은 외국인 노동자가 의인으로 인정된 사례가 있다.

불법체류자인 경우, 자신의 신분이 노출되면 추방될 수 있으므로, 아무리 좋은 일이라 하더라도 남들 앞에 나서는 것이 꺼려질 수 있다. 그런데도 자신의 생명이 위협받는 상황에서도 사람을 구하기 위해 나선 것이다.

좋은 한국인 : 한국 사장님 좋아요

EBS 방송 중 "글로벌 아빠 찾아 삼만리"라는 프로그램이 2015~2019년에 방영되었다. 나는 그 프로그램을 재방으로도 즐겨 보았다. 한국에 일하러 온 외국인 근로자(아빠)의 가족(아내, 아이들)들을 한국에 초청해서 상봉시켜 주는 프로그램이다.

방송을 보면서 나도 같이 많이 울었다. 가족이 떨어져 살아야 하는 상황도 안타까웠다. 만남의 기쁨도 잠시, 공항에서 헤어지며 눈물바다가 되는 모습을 보면 같이 먹먹해졌다. 방송을 보면, 외국인 노동자가 일하는 직장의 한국인 상사, 동료들이 가족처럼 대해 주는 모습을 보게 된다. 좋은 한국인 사장님이 많다는 것을 느끼게 된다.

죄인이 된 한국인 : 한국 사장님 나빠요

반면, 외국인 노동자들에게 부당한 대우를 하는 사례는 너무 많다. 한국말이 서툴고, 부당한 대우에도 항거하기 힘들다는 이유 등으로 많은 인권침해와 차별을 받는 경우가 많다.

2025년 스리랑카 외국인 노동자가 지게차에 몸이 묶인 채로 조롱당하는 동영상이 뉴스로 나왔다. 어떤 이유로 그렇게까지 했는지는 모르지만, 잘못된 일임에 틀림이 없다. 2024년에 입국을 해서 3년 체류가 가능한데, 이 일로 해서 다른 직장을 구하지 못할까 전전긍긍하였다. 다행히 지자체에서 관심을 두고 다른 직장을 알선해 주었다고 한다.

설마, 2015년 스리랑카에서 만났던 그 식당 직원은 아닐 것으로 생각한다. 어떤 스리랑카 사람은 한국에서 일하고 싶다고 간절히 원하지만, 막상 한국에 오면 많은 부당한 현실을 마주치게 된다. 어떤 스리랑카인은 한국 사람을 구해 줘서 의인이 되었는데, 어떤 한국인은 스리랑카인을 지게차에 매달고 죄인이 되었다. 너무 부끄러운 단상이다.

4. 한국, 커피 수출국이 되다 ◎ 에티오피아, 태국

- 커피가 없는 한국, 수출국이 되다

한국에서는 언제부터인가 식사를 하면 커피를 마시는 것이 하나의 문화가 되었다. 2023년 자료에 의하면 한국 국민 1인당 연간 405잔을 마시는 세계 2위 커피 소비국이다. 이는 세계 평균 152잔의 2.5배에 달하는 양이다. 모든 국민이 하루에 1잔 이상 마신다는 이야기이다.

우리나라에서 가장 많은 커피 매장을 가진 스타벅스는 1999년 1호 이대점을 열었고, 국내 토종 이디야커피는 2001년 1호점을 중앙대에서 열었다.

커피라고 하면 으레 원두커피에서 추출한 아메리카노가 대세이지만, 과거에는 원두커피가 아니라, 커피믹스를 먹었다. 커피와 크림, 설탕을 하나로 합쳐서 작은 봉지에 넣어서 만든 것이다. 우리나라 최초의 커피믹스는 1976년 동서식품에서 만든 맥심커피이다. 이것이 세계 최초의 커피믹스라고 한다.

이 커피믹스가 최근 외국인들에게 주목받고 있다. 한국인의 엄청난 커피 소비 덕분에 23년 커피 수입액은 10억 달러이지만, 반대로 커피믹스를 포함한 조제 커피 수출액도 22년 기준 3.4억 달러에 달할 정도로 크게 성장하였다. 수입한 커피를 가공하여 커피를 역수출하는 것이다.

아이러니하게도, 한국은 커피 생산국은 아니지만, 커피믹스 덕분에 커피 수출국이 되었다. 한국에 와서 커피믹스의 맛을 본 외국인들이 달콤한 한국 커피믹스의 맛에 반한다. 연수를 온 연수생분들이 커피믹스를 선물도 사 가는 경우도 많이 있다.

국제협력업무를 할 때 만났던 태국 공무원은 한국을 방문하고 돌아갈 때 커피믹스를 사 가기도 하였고, 나도 태국에 갈 때 커피믹스를 사서 선물도 주기도 하였다. 가격도 비싸지 않고, 부피도 작고 무게도 가벼워서 선물용으로 너무 좋다.

또한, 연수를 할 때, 외국인 연수생들이 쉬는 시간 커피를 마실 수 있도록 커피믹스를 준비하는데, 쉬는 시간마다 커피믹스를 1개씩 타 먹는 사람도 있었다. 남는 커피믹스를 연수생들에게 선물로 챙겨주기도 하였다.

2023년 에티오피아 현지 연수를 갈 때도 한국 커피믹스를 사서 가져갔다. 통역사로 같이 일했던 현지인 호수(한국식 이름) 씨가 한국 커피믹스를 먹어보고 싶다고 해서, 가져갔던 커피믹스를 선물로 주었다. 한국 드라마와 영화에서 봤던 한국 커피믹스가 너무 좋다고 한다.

5. 한국은 기회의 땅

– 나이지리아 학생의 꿈을 이루어 주다

나에겐 오래된 외국인 친구가 있다. 2012년 겨울, 수원에서 만난 나이지리아 유학생 아폴라비 아누(한국명 머시)이다. 영어 공부를 하기 위해 회사 선배에게 부탁하여 외국인(원어민) 선생님을 추천받았다. 이후 몇 달 동안 주말에 만나서 영어 공부를 시작하였고, 영어 수업이 끝난 뒤에도 개인적인 만남을 이어갔다.

나이지리아에서 대학교 1학년을 다니다가, 친형이 한국 정부 장학생 제도를 소개해 줬다고 한다. 장학생 선발 절차에 따라 나이지리아 대표로 선발되었다. 한국에 와서 6개월간 어학당에 다니면서 한국어에 숙달하여, 아주대 정치외교학과를 다니면서 한국어 수업을 문제없이 들을 정도로 한국어를 너무 잘했다.

대학 학보사 기자로 일하고, 외국인이 20%에 불과한 기숙사 학생회장에 당선이 되었다. 당시에, 한국에서 외국인이 기숙사 학생회장에 당선된 최초의 사례일 것이다. 해외에서 열리는 모의 UN 대회에 한국 대표로 가기도 했고, 유학생 수기 공모전에서 교육부장관상을 받기도 했다.

이러한 화려한 이력 덕분에, 신문 기사에 나오기도 했고, KBS "강연 100℃"의 연사로 방송에 나오기도 하였다. 자기 발전을 위해 꾸준히 노력하는 사람이었다. 나이는 나와 18살 차이가 나지만, 같이 이야기하다 보면 존경스럽고, 도와주고 싶고, 배우고 싶은 외국인이었다.

아주대 정외과를 우수한 성적으로 졸업하고 고려대 국제대학원에 들어갔고, 거기에서도 국제대학원 학생회장을 하였다. 졸업 후 영국 로스쿨에 입학하게 되어 10년 만에 한국을 떠나게 되었는데, 공항까지 마중을 나가면서 서로 아쉬움의 눈물을 많이 흘렸었다.

영국의 로스쿨을 마치고, 지금은 세계적으로 유명한 국제 로펌에 취업을 해서 국제변호사의 길을 걷고 있다. 앞으로 나이지리아 발전을 위해 큰일을 하고 싶다는 포부를 가지고 있다. 대학 시절에도 나이지리아에 있는 친구들과 함께 교육 관련 NGO를 만들어서 운영하기도 하였다. 나이지리아에 있는 학생들이 방과 후 공부를 할 수 있도록 지원하거나, 해외에 유학을 가고 싶어 하는 학생들에게 정보를 제공해 주는 일이다.

머시에게 한국은 기회의 땅이 되었다. 미국이나 영국으로 바로 가는 방법도 있지만, 한국 정부처럼 전액 학비, 생활비까지 지원해 주는 국가는 없었다고 한다. 많은 외국인 연수 과정을 하면서, 많이 받는 질문 중 하나가 한국에서 장학금을 받고 공부할 수 있는 방법을 알려달라는 것이다. KOICA(한국국제협력단)에서 운영하는 한국 정부 석·박사 과정 등을 알려주었다.

머시 이외에도 국내에 많은 대학원에 외국인 유학생들이 들어오고 있다. 한국에서 석사학위를 마치고, 자신의 국가로 돌아가서 승진 등 좋은 기회를 잡기도 하고, 미국 등 다른 국가에 박사과정을 들어가서 한 단계 더 발전시킨다. 개도국에서 바로 북미, 유럽으로 들어가기 어려움이 있으므로 한국이 하나의 경유지가 되는 것이다. 한국에서 학위가 북미, 유럽으로 가는 데 도움이 된다고 한다.

앞으로는 한국이 최종 종착지가 되면 더 좋겠다. 다른 나라로 가기 위한 경유지가 아니라, 한국에서 공부한 것만으로도 세계 어느 나라에서도 인정받을 수 있었으면 좋겠다.

6. 앞서가던 일본, 같이 가는 일본

- 2001년 일본 vs 2017년 일본

가깝고 먼 이웃 나라 일본. 역사적으로 좋은 관계일 수 없으나, 지리적인 여건상 경제적, 문화적 영향을 서로 끼칠 수밖에 없는, 뗄 수 없는 관계이다. 예전에는 일본으로 유학을 가거나, 취업과 사업을 위해 일본으로 가는 사람들도 많았다. 지금도 재외동포 숫자로 보면 1위 미국 2.6백만 명, 2위 중국 2.1백만 명에 이어, 일본은 3위로 0.8백만 명이 거주하고 있다.

앞서가던 일본, 따라가던 한국

일본을 처음 간 것은 2001년 대학원에서 지도교수님과 대학원생들이 같이 일본 규슈지방을 방문한 것이다. 지도교수님과 친분이 있던 일본의 대학교수님을 만나고, 대학을 방문하고, 주변 관광지를 여행하였다.

인생에서 첫 번째 해외 여행지였던 중국에 이어, 두 번째 방문한 당시의 일본은 확실히 한국보다 발전되어 있었고, 많은 것이 앞서 있었다. 와~ 이런 것도 있다니, 감탄하면서 보았던 기억이 생생하다.

경제적, 기술적인 부분에서 일본은 동경의 대상이었고, 우리가 배우고 따라가야 할 존재였다. 일본을 따라가고 있었지만, 앞설 수 있을 것으로 생각했었을까?

같이 가는 일본, 앞서가는 한국

회사에서 국제협력업무를 맡게 되면서, 일본과의 교류가 많아졌다. 양 국가의 전문가들이 매년 만나서, 서로의 정책과 기술을 소개하고 정보를 교류하는 자리가 많았다.

2017년 한국 농식품부와 일본 농림수산성 간에 기술협력위원회가 일본 오카야마에서 개최되었다. 대부분 참가자가 한국에서 오카야마까지 직항을 이용하였으나, 나는 업무 일정으로 인해 다른 비행편으로 오사카를 거쳐, 오카야마까지 신칸센(일본 고속열차)을 타고 갔다.

2001년 첫 번째 일본 방문에 이어, 17년 만에 두 번째 일본 방문이었다. 오사카에서 오카야마까지 이동하면서 바라본 일본의 도시와 농촌의 풍경은 그리 놀라운 풍경이 아니었다. 한국이 그동안 도시와 농촌에 눈부신 발전을 이루었기 때문이다. 사회기반시설은 일본에 비하여 절대 뒤처지지 않았다.

기술협력위원회 회의를 비롯하여 현장 견학 일정이 있었다. 한국의 농식품부, 농진청 등 농업 분야 전문가들이 참석하였는데, 참석자들은 이구동성으로 일본은 더 이상 우리가 무조건 따라가야 할 대상이 아니라, 이미 우리가 일본과 같이 가고 있고, 어떤 부분은 우리가 더 앞서고 있다고 하였다.

내가 일본 도착하여 돌아다니면서 느꼈던 것을, 다른 한국 측 참석자들도 동일하게 느끼고 있었다. 정말 한국은 놀라운 발전을 이루고 있는 국가임에는 틀림이 없다.

7. 해외에서 애국가 듣기　　◎ 에티오피아, 이란, 파키스탄

– 해외에 나가면 진짜 애국자가 된다

해외에 나가면 애국자가 된다고 한다. 일제강점기, 6.25 전쟁, IMF 등 대한민국 국란의 시기에 대한민국을 걱정하고 돈을 모아 위기에 빠진 조국을 지키기 위해 해외에 있는 많은 동포가 발 벗고 나섰다.

1970년대에는 조국의 발전을 위해 중동의 건설 인력, 독일의 광부와 간호사로 먼 타국에 나가서 헌신했던 이야기를 우리는 잘 알고 있다. 미국, 일본 등 많은 나라에 살고 있는 한국 동포들이 우리나라에 재난이 발생하면 같이 걱정하고 성금을 모아서 전달했다는 소식을 심심치 않게 접하고 있다. 이런 분들의 관심, 기도, 헌신이 있었으므로 지금 발전한 대한민국이 존재하는 게 아닌가 싶다.

#　에티오피아에서 애국가 듣기

2023년 에티오피아 현지에서 통역사로 함께 일해 준 호수(한국 이름)

라는 에티오피아 청년이 있다. 아디스아바바 대학을 졸업하고 현지에서 한국어를 가르쳐 주는 세종학당에서 1년을 공부한 뒤 스스로 더 공부해서 한국어 통역사로 일하고 있는 친구이다. 한국말을 구수하게 잘 할 뿐만 아니라, 한국문화에 관해 관심이 크고, 웃어른을 잘 공경해 주었다. 함께 갔던 한국 팀들이 모두 그녀를 좋아했다.

승합차를 타고 이동하는 중에 호수 씨가 한국 음악을 들려주겠다고 하면서, "애국가"를 들려주었다. 나는 낯선 외국 땅에서 애국가를 들어본 기억이 없었다. 더욱이 한국인인 나 자신이 찾아서 듣는 것도 아닌, 현지 외국인이 애국가를 찾아서 들려주었다는 것이 매우 이색적인 경험이었다.

먼 이국땅의 차 안에서 듣는 "애국가"는 감동 그 자체였다. 눈시울이 붉어졌다. 한국인으로서 자긍심, 애국심이 저절로 느껴졌다. 먼 이국땅, 개발되지 않은 이곳의 현실을 생각할 때 나의 조국이 발전되었고, 나에게 많은 기회를 준 것에 대한 감사와 감격이 느껴졌다. 해외에 나오면 애국자가 된다는 그 감정을 고스란히 느낄 수 있었다.

이런 기회를 준 호수 씨의 마음이 너무 따뜻하고 고마웠고, 어쩌면 나보다 더 한국을 사랑하고 좋아하는 것 같았다.

이란에서 양궁대표팀

2011년 이란 테헤란에 있는 국제회의에 참석하러 갔을 때, 우리가 묵던 호텔에서 이란 현지에 거주하고 있는 한국인을 만났다. 이란에서 한국인을 만난다는 것이 너무 신기하고 반가웠다.

그분들은 이란의 양궁대표팀에서 일하고 있는데, 이란에서 개최된 아시아 양궁 선수권대회에 참석하기 위해 온 한국대표팀을 위해 음식을 준비해서 방문하였다고 한다. 비록 다른 나라, 상대 팀 국가에서 일하고 있지만, 먼 한국 땅에서 찾아온 한국 선수단을 위해 찾아온 것이다. 양궁을 통해 선후배 관계로 이미 잘 알고 있겠지만, 너무 아름답게 보였다.

파키스탄에서 만난 태극기 머그컵

언제부터인가 해외에 나가면 기념으로 작은 종을 사서 모으기 시작했다. 그래서 해외에 나가면 기념품 가게에 들러서 작은 종을 찾게 된다. 모든 국가에서 다 찾을 수는 없었지만, 지금까지 10개 국가의 종을 모은 것 같다.

해외를 다니는 사람들은 자신들이 좋아하는 아이템을 모으는 분들이 있다. 스타벅스 텀블러(국가 또는 도시를 상징하는 모양을 넣어, 그 나라에서만 구입이 가능한 텀블러)를 모으는 사람, 할리 데이비드슨 마니아들은 국가별 할리 데이비드슨 매장에 가서 그 나라에서만 판매되는 셔츠를 사서 동호인들에게 나눠준다고 한다.

2019년 11월 파키스탄에서 개최된 연수에 참석하면서, 어느 기념품 가게에 들어갔는데 태극기가 그려진 머그컵을 보게 되었다. 태극기와 파키스탄 국기가 나란히 그려진 머그컵이었다. 파키스탄을 다녀왔다는 기념이 될 만한 좋은 물건이었다.

그러나, 문득 이 태극기 머그컵을 만든 사람은, 정말 한국 사람이 이 곳에 와서 이걸 사 갈 거라는 생각을 하고 만들었을까? 너무 궁금하였다. 파키스탄은 한국 사람들이 여행으로 거의 가지 않는 나라이기 때문이다. 아무도 사지 않을 수 있다는 것을 알고도, 이런 것을 만든 그 정성이 정말 고마웠고, 한국인으로서 사지 않고는 그냥 지나갈 수 없었다. 내가 사주지 않으면 앞으로도 아무도 영영 사주지 않을 것 같았다. 태극기가 새겨진 머그컵은 우리 집 장식장에 잘 보이는 곳에 보관되어 있다.

8. 한국은 박물관 ⊙ 공통

- 기록하고 남기는 것이 국력이다

한국은 1960~70년 이후 많은 개발사업을 추진하였다. 도로, 항만, 공항, 댐 및 산업단지까지 초기에는 해외 원조(차관)를 받았고, 이후에는 정부예산으로 각종 개발사업을 시행하였다. 2000년대 이후 한국의 눈부신 경제발전의 노하우를 배우기 위해 개도국 공무원들이 한국을 많이 찾아온다. 한국 정부의 ODA 사업의 일환으로 짧은 기간의 연수뿐만 아니라, 석·박사 학위과정까지 있다.

이들은 한국의 발전된 모습을 눈으로 확인하고 싶고, 어떻게 이런 발전을 이루었는지 노하우를 배우고 싶어 한다. 국내의 관련 전문가들의 강의도 있지만, 현장 견학을 통해 많이 배운다.

현장 견학을 할 만한 곳을 섭외해야 하는데, 다행히 외국인들에게 도움이 될 만한 전시관, 홍보관, 박물관들이 많이 있다. 한국에서는 대규모 사업을 추진할 때, 현장사무소와 홍보관을 운영하는 곳이 많다. 사업이 종료되더라도, 사업에 대하여 이해할 수 있는 홍보관, 박물관(청계

천박물관, 새마을운동역사관, 국립농업박물관 등)을 보존하거나 새로 만들기도 한다.

반면, 해외에서 현장 견학을 가면 사업 내용을 이해할 수 있는 전시관, 홍보관이 거의 없다. 심지어 그 국가를 대표할 수 있는 박물관, 미술관 같은 경우에도 전시물이 많지 않거나, 설명되어 있는 팸플릿도 거의 없다. 그런 것들이 국가의 얼굴인데 안타깝다.

2017년부터 시행했던 인도네시아 연수 과정을 담당할 때도, 그분들에게 도움이 될 수 있는 많은 홍보관, 전시관을 찾아가서 견학하였다. 그 당시 인도네시아 공무원들에게 본인들이 추진하고자 하는 사업을 계획할 때, 한국과 같이 그 사업에 대한 자료를 모아서 전시관, 박물관을 꼭 만들라고 조언하였다. 사업이 시작하게 된 배경부터 시행하고, 완공될 때까지의 수많은 문서 자료를 잘 보관하는 것도 중요하고, 사업의 성과를 국민에게 알리는 것도 중요하기 때문이다.

한 국가의 발전 과정을 잘 기록하고 보전하고, 알리는 것이 선진국의 조건이라고 생각한다. 그런 면에서 한국은 그 자체로서 박물관이다.

9. 한국적인 것이 세계적인 것　　📍 공통

– 오리엔탈리즘을 넘어, 코리아리즘으로

　오리엔탈리즘은 1978년 에드워드 사이드의 저서에서 알려진 용어로서, "서양에서 동양을 왜곡하고 편견을 가지고 비하하는 태도"를 의미한다. 반대로, 조선시대 우리가 명나라, 청나라를 대상으로 가졌던 "사대주의", 즉 우리 스스로를 낮게 여겼던 것과 비슷한 의미이다.

　서양에서 동양을 비하하는 태도도 문제지만, 얼마 전까지만 해도 우리 스스로 "오리엔탈리즘"적 사고방식을 가지고, 서구적인 문화를 맹종하는 인식을 가지기도 하였다. 영어를 남발하거나, 해외제품을 선호하고, 해외 문화가 더 우수하다고 생각하는 것이다.

　그러나, 2000년대 넘어서면서 한국의 상품, 2010년대부터는 한국 문화의 우수성이 널리 알려지게 되었다. 이제는 오리엔탈리즘을 넘어, 일명 코리아리즘(한국적인 것이 세계적인 것)으로 바뀌어 가고 있다.

한국 전자제품, 자동차

2010년대 해외에 나가면 어느 나라에 가든 삼성 스마트폰, 현대·기아 자동차, LG 가전제품의 광고판을 볼 수 있었고, 많은 외국인에게 한국에서 왔다고 하면, 으레 해당 기업의 이름을 말하곤 했다. 길거리를 다니다가 현대·기아 자동차를 보면 뿌듯한 마음에 사진을 찍기도 했다.

한국에 연수를 위해 온 많은 공무원도 핸드폰, 노트북 등 전자제품을 사기 위해 전자상가를 많이 찾아간다. 현지보다 저렴하고 품질이 보장된 한국에서 구입하기를 희망하기 때문이다.

한국 음악, K-pop

한국의 음악으로서 2012년 싸이 "강남스타일"은 전 세계적으로 한국을 알리는 데 크게 이바지했다. 2025년 5월 기준으로, 뮤직비디오 조회수가 세계 인구수에 맞먹는 56억 뷰이다. 내가 해외에서 만났던 많은 외국인 중에 강남스타일을 모르는 사람은 없었다.

2018년 파키스탄에서 개최된 연수 수료식을 마치고 문화행사를 했을 때도, 나는 한국을 대표하여 "강남스타일"에 맞춰 춤을 추어야 했다. 지금까지도, 한국에 찾아오는 외국인들에게 서울 코엑스 광장에 있는 "강남스타일" 조형물에서 춤을 추는 것이 필수코스가 되었다.

2020년 BTS의 다이너마이트가 한국 음악 최초로 빌보드 핫 100차트 1위를 차지하였고, 이후 세계적인 남성그룹으로 성장하였다. 그리고, 블랙핑크, 뉴진스 등 여성 그룹들도 빌보드 차트 진입 등 BTS를 이어 세계적인 그룹으로 성장하였다. 전 세계를 돌아다니면서 유명 콘서트장에서 대형 콘서트를 성공적으로 개최하였다.

2023년 아내와 대만 여행을 갔을 때, 시먼역 앞을 지나는데, 너무나 익숙한 한국 노래가 들렸다. 가까이 가보니, 고등학생 정도 보이는 여학생 여러 명이 한국 노래에 맞춰서 춤을 추고, 영상 촬영을 하고 있었다. 길거리 버스킹인지, 유듀브 촬영을 위해서인지 알 수 없지만, 해외에서 K-pop의 인기를 실감할 수 있었다.

세계적으로 성공한 한국의 아이돌이 되기 위해, 해외에서 한국에 찾아와서 기획사에 들어가거나, 한국에서 시행하는 아이돌 선발 경연에 해외의 젊은이들이 찾아오고 있다.

2025년 6월 출시된 "케데헌(케이팝 데몬 헌터스)" 열풍이 불고 있다. 삽입곡 "골든"이 미국 빌보드 차트, 영국 싱글 차트 1위에 올라섰고, 넷플릭스 시청 수 1위를 달성하였다. 한국에서 제작한 것은 아니지만, 작품의 내용이 한국의 K-pop, 문화에서 영감을 얻어서 제작되었다. 한국에서 만들어서 홍보하던 단계를 넘어서, 다른 국가에서 한국의 문화를 재생산해서 전 세계로 확산시키고 있다는 점에서 의미하는 바가 크다.

한국 드라마, 영화

2000년대 초 한국에서 인기를 끌던 대장금, 허준, 주몽 등 사극이 해외에서 인기가 많이 있고, 시청률이 무려 80~90%에 달한다는 뉴스가 있었다. 해외를 다니면서 실제로 한국 사극 드라마를 봤다는 사람들을 종종 만날 수 있었다. 수원 화성에 가면, 아직도 대장금 촬영지라는 안내판이 설치되어 있다.

이제는 드라마를 넘어, 2020년 영화 "기생충"이 아카데미 4개 상을 (작품, 각본 등), 2021년 영화 "미나리"가 아시아 최초로 아카데미 여우조연상(윤여정)을 수상하였다. 2021년 오징어게임 1이 넷플릭스(드라마) 1위를 하였고, 이후 오징어게임 2, 3이 계속 1위를 기록하였다.

2025년 뉴욕타임스는 21세기 최고의 영화 1위로 기생충을 선정하였다. 한국의 영화와 드라마가 세계적으로 작품성과 흥행성에서 높은 인정을 받고 있다.

2024년 우리나라 문학계의 숙원 같았던, 노벨문학상을 한국의 한강 작가가 수상을 하였다. 보고 듣는 것에서, 읽고 깊이 생각할 수 있는 문학작품으로 옮겨진 것이다.

한국 음식

한국 음식 중 가장 잘 알려진 것은 "인삼"이다. 한국에 오는 외국인 손님에게 주거나, 해외로 나갈 때 외국인들에게 주는 선물로 "인삼" 제품을 많이 선택하다 보니 자연스럽게 알려진 게 아닌가 싶다. 덕분에 인삼을 넣은 "삼계탕"도 보양식으로 알려져 있다.

그 외에도 불고기, 갈비찜 등 익히 잘 알려진 음식 이외에도, 최근에는 영화, 드라마 등의 영향으로 다양한 한국 음식에 관심이 높다. 떡볶이, 김밥, 치킨, 삼겹살 등 평상시 잘 먹는 메뉴도 좋아한다. 외국인 연수생 중 한국에 오면 먹고 싶은 음식들을 미리 조사해서 연수 담당자에게 요청할 정도이다.

음식뿐만 아니라, 초코파이, 라면 등 과자와 간편식에도 관심이 많다. 해외에서 먹을거리를 사기 위해 방문했던 현시 마트에서 한국 과자(초코파이 등), 라면(신라면, 불닭볶음면) 제품들을 쉽게 볼 수 있다. 한국 식료품을 보게 되면, 오랜 한국인 친구를 만난 것처럼 반갑다.

외국의 한국인 식당에 방문했을 때, 외국인들이 앉아 있는 테이블에 "잡채"가 놓여 있는 것을 보았다. 마치 파스타 요리 한 접시를 먹는 것처럼, 잡채를 주문해서 맛있게 먹는 것이다. 우리에게는 "잡채"는 메인 요리보다는 사이드 요리(반찬)에 가깝다. 그러나, 외국인들에게 "잡채"는 인기 있는 훌륭한 요리라고 한다.

한국 음식이 현지 한국인을 대상으로 하는 식당을 넘어, 현지인들에게 맛집으로 성공하고 있고, 대상 지역도 아시아를 넘어 미식을 추구하는 미국, 유럽까지 확장해 나가고 있다.

한국 화장품, 뷰티

한국 드라마의 영향은 화장품 등 뷰티산업까지 여파를 미치고 있다.

드라마에 비친 한국의 연예인처럼 예뻐지기 위해 한국 화장품의 인기가 높아졌다. 많은 화장품 브랜드가 동남아시아 등 해외에 진출했고, 한국에 찾아오는 외국인들에게 화장품은 쇼핑 우선순위이다. 가족과 지인, 회사 동료들로부터 화장품 구입을 부탁받고 해당 제품번호까지 적어 올 정도이다.

단순한 화장품을 넘어, 메이크업 등 뷰티산업으로 확장이 되었다. 지인의 딸이 미국에서 뷰티숍을 오픈하였다. 한국 사람들은 손기술이 좋아서, 미국 현지인들보다 화장, 피부관리 등을 잘한다고 한다.

아직은 뷰티에서 명품 브랜드는 프랑스 등이 앞서고 있으나, 언젠가는 한국 화장품이 중저가 제품이 아니라, 고급 명품 브랜드로서 더 성장할 수 있을 것이다.

한국어

한국의 경제적, 문화적 위상이 올라감에 따라, 한국어에 대한 인기와 위상도 올라가고 있다. 개도국에 많은 한국기업이 진출하고, 한국 관광객들이 많아지게 되어 한국어를 배워서 좋은 직장에 취직하고자 하는 수요가 커졌다. 베트남, 캄보디아 등에서 한국어 학과의 인기가 매우 높다고 한다.

해외에 한국어 교육을 위해 설치된 세종학당을 통해 한국어를 배웠던, 에티오피아, 알제리 현지 통역사들은 현지 근로자들보다 많은 돈을 벌고 있다. 그러나, 최근에는 한국어를 배우는 목적이 돈벌이 수단이 아닌, 취미 활동으로 옮겨지고 있다.

한국의 문화적 위상이 높아짐에 따라, 한국 음악(K-pop)을 좋아하고, 한국 드라마를 한국어로 듣고 이해하기 위해 한국어를 공부하는 세계인들이 늘어나고 있다. 알제리에서 머물렀던 호텔의 젊은 매니저는 정식적으로 한국어 교육을 받지 않았는데, 한국 드라마를 유튜브로 보면서 한국어를 배워서 간단한 한국말을 사용할 수 있었다.

이렇듯 세계 곳곳을 다니다 보면, 한국 음악, 드라마의 영향으로 간단한 한국말(안녕하세요, 감사합니다)을 할 수 있는 외국인들을 쉽게 만날 수 있다. 한국적인 것이 세계적인 것으로 바뀌고 있는 것을 느낀다.

마무리하며

국제개발 협력 업무를 담당하면서 10년 넘게, 많은 나라를 방문하였고, 다양한 행사에 참여하였다. 이 외에도 가족들과 넓은 세상을 보고 느끼고자 많이 다녔다. 또한, 개도국 공무원들을 대상으로 시행하는 ODA 연수를 하면서 한국에서 많은 외국인과 교류할 기회가 있었다.

이러한 경험과 만남에서 느낀 것들을 그냥 지나치기 싫어서, 항상 기록을 남겨왔다. 숙소에서 그날그날 있었던 일들과 생각들을 기행문처럼 정리를 하였다. 이 기록들이 쌓이고, 이제는 나만의 경험이 아니라, 다른 사람들과 나누고 싶은 마음이 들어서 책을 쓰게 되었다.

누군가는 더 많은 나라를 다녔고, 누군가는 더 오랫동안 그 나라에 머물면서, 더 많이 그리고 더 깊이 경험하고 생각하였을 것이다. 그분들과 비교하면 나의 짧은 경험만을 가지고 이렇게 글을 쓰는 게 맞는 것인가 싶기도 하다.

그러나, 동일한 장소, 동일한 사람을 만나더라도 각자 느끼는 것은 다를 것이다. 국제개발 협력 전문가로서뿐만 아니라, 대한민국 국민으로서 나의 시각으로 글을 정리하였다. 세계 곳곳에서 많은 사람을 만나면서, 나는 세계를 보게 되었고 배우게 되었다. 나의 경험으로 바라본 세계에 대한 다양한 시선을 같이 공유하고, 이해하는 시간이 되었기를 바란다.

앞으로, 해외 관광지의 멋진 풍경을 보면서 커피의 맛을 즐기는 동안, 커피를 생산한 농부의 삶과 멀리 풍경 아래서 살아가는 현지인의 삶에 관심을 두면 좋겠다.

끝까지 읽어주신 분들에게 감사의 말을 전한다.

감사의 글

먼저, 이러한 소중한 경험을 할 수 있도록 기회를 준, 회사와 국제개발 협력 업무를 하면서 국내외에서 나와 함께 해준 직장 선후배님과 동료들, 특별히 이 책을 감수해 준 허남주, 심성희 박사님께 감사의 마음을 전한다. 그리고, 세계 곳곳으로 여행에 함께해 준 아내와 두 딸에게 감사를 전한다.

이 책에 내가 찾아갔던 많은 나라, 만났던 외국인들, 그리고 한국으로 찾아왔던 외국인들이 많이 등장한다. 지금도 해외 어느 곳에서 각자의 삶을 열심히 살고 있을, 이들에게 감사의 마음을 전한다. 나는 이분들과의 만남을 통해 성장했고, 이 책의 내용에 대한 영감을 얻었다. 그들과 가족의 행복한 삶, 그리고 그 국가의 발전을 기원한다.

이 외에도 일일이 언급할 수 없는, 나의 발걸음을 응원해 준 많은 감사한 분들이 있다. 마지막으로 세상 어느 곳을 거닐던 나를 안전하게 지켜주시고, 동행하신 하나님께 감사드립니다.

사람을 만나면,
세계가 보인다

초판인쇄 2026년 2월 6일
초판발행 2026년 2월 6일

지 은 이 이성희
펴 낸 이 채종준
펴 낸 곳 한국학술정보(주)
주   소 경기도 파주시 회동길 230(문발동)
전   화 031-908-3181(대표)
팩   스 031-908-3189
투고문의 ksibook1@kstudy.com
등   록 제일산-115호(2000. 6. 19)

ISBN   979-11-7457-460-2 03980